从零开始学技术—土建工程系列

砌 筑 工

闫 晨 主编

中国铁道出版社

2012年·北 京

内 容 提 要

本书是按住房和城乡建设部、劳动和社会保障部发布的《职业技能标准》和《职业技能岗位鉴定规范》的内容,结合农民工实际情况,将农民工的理论知识和技能知识编成知识点的形式列出,系统地介绍了砌筑工砌筑方法、砖砌体工程施工、砌块砌体工程施工、石砌体和其他工程施工、混合结构房屋砌筑施工、季节性施工等。本书技术内容最新、最实用,文字通俗易懂,语言生动,并辅以大量直观的图表,能满足不同文化层次的技术工人和读者的需要。

本书可作为建筑业农民工职业技能培训教材,也可供建筑工人自学以及高职、中职学生参考使用。

图书在版编目(CIP)数据

砌筑工/闫晨主编. —北京:中国铁道出版社,2012.6
(从零开始学技术.土建工程系列)
ISBN 978-7-113-13776-2

Ⅰ.①砌… Ⅱ.①闫… Ⅲ.①砌筑—基本知识 Ⅳ.①TU754.1

中国版本图书馆 CIP 数据核字(2011)第 223692 号

书 名:	从零开始学技术—土建工程系列 砌 筑 工
作 者:	闫 晨
策划编辑:	江新锡 徐 艳
责任编辑:	徐 艳 江新照 **电话**:010—51873193
封面设计:	郑春鹏
责任校对:	孙 玫
责任印制:	郭向伟

出版发行:中国铁道出版社(100054,北京市西城区右安门西街 8 号)
网 址:http://www.tdpress.com
印 刷:化学工业出版社印刷厂
版 次:2012 年 6 月第 1 版 2012 年 6 月第 1 次印刷
开 本:850mm×1168mm 1/32 印张:6 字数:145 千
书 号:ISBN 978-7-113-13776-2
定 价:17.00 元

前　言

随着我国经济建设飞速发展,城乡建设规模日益扩大,建筑施工队伍不断增加,建筑工程基层施工人员肩负着重要的施工职责,是他们依据图纸上的建筑线条和数据,一砖一瓦地建成实实在在的建筑空间,他们技术水平的高低,直接关系到工程项目施工的质量和效率,关系到建筑物的经济和社会效益,关系到使用者的生命和财产安全,关系到企业的信誉、前途和发展。

建筑业是吸纳农村劳动力转移就业的主要行业,是农民工的用工主体,也是示范工程的实施主体。按照党中央和国务院的部署,要加大农民工的培训力度。通过开展示范工程,让企业和农民工成为最直接的受益者。

丛书结合原建设部、劳动和社会保障部发布的《职业技能标准》和《职业技能岗位鉴定规范》,以实现全面提高建设领域职工队伍整体素质,加快培养具有熟练操作技能的技术工人,尤其是加快提高建筑业基层施工人员职业技能水平,保证建筑工程质量和安全,促进广大基层施工人员就业为目标,按照国家职业资格等级划分要求,结合农民工实际情况,具体以"职业资格五级(初级工)"、"职业资格四级(中级工)"和"职业资格三级(高级工)"为重点而编写,是专为建筑业基层施工人员"量身订制"的一套培训教材。

同时,本套教材不仅涵盖了先进、成熟、实用的建筑工程施工技术,还包括了现代新材料、新技术、新工艺和环境、职业健康安全、节能环保等方面的知识,力求做到技术内容先进、实用,文字通俗易懂,语言生动,并辅以大量直观的图表,能满足不同文化层次的技术工人和读者的需要。

本丛书在编写上充分考虑了施工人员的知识需求,形象具体地阐述施工的要点及基本方法,以使读者从理论知识和技能知识两方面掌握关键点。全面介绍了施工人员在施工现场所应具备的技术及其操作岗位的基本要求,使刚入行的施工人员与上岗"零距离"接口,尽快入门,尽快地从一个新手转变成为一个技术高手。

从零开始学技术丛书共分三大系列,包括:土建工程、建筑安装工程、建筑装饰装修工程。

土建工程系列包括:

《测量放线工》、《架子工》、《混凝土工》、《钢筋工》、《油漆工》、《砌筑工》、《建筑电工》、《防水工》、《木工》、《抹灰工》、《中小型建筑机械操作工》。

建筑安装工程系列包括:

《电焊工》、《工程电气设备安装调试工》、《管道工》、《安装起重工》、《通风工》。

建筑装饰装修工程系列包括:

《镶贴工》、《装饰装修木工》、《金属工》、《涂裱工》、《幕墙制作工》、《幕墙安装工》。

本丛书编写特点:

(1)丛书内容以读者的理论知识和技能知识为主线,通过将理论知识和技能知识分篇,再将知识点按照【技能要点】的编写手法,读者将能够清楚、明了地掌握所需要的知识点,操作技能有所提高。

(2)以图表形式为主。丛书文字内容尽量以表格形式表现为主,内容简洁、明了,便于读者掌握。书中附有读者应知应会的图形内容。

编者

2012 年 3 月

目 录

第一章 砌筑工砌筑方法

第一节 砖砌体组砌方法

【技能要点 1】组砌的原则

1. 砌体必须错缝

砖砌体是由一块一块的砖,利用砂浆作为填缝和黏结材料,组砌成的墙体和柱子。为了使砌体搭接牢固、受力性能好,避免砌体出现连续的垂直通缝,砌体必须上下错缝,内外搭砌,并要求砖块最少应错缝 1/4 砖长,且不小于 60 mm。方法是在墙体两端采用"七分头"、"二寸条"来调整错缝,且丁砖、顺砖排列有序。"七分头"、"二寸条"如图 1—1 所示,砖砌体的错缝如图 1—2 所示。

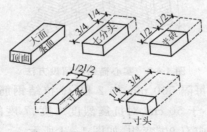

图 1—1 破成不同尺寸的砖

2. 墙体连接要成整体

(1)斜槎的留设方法

方法是在墙体连接处将待接砌墙的槎口砌成台阶形式,其高度一般不大于 1.2 m(一步架),其水平投影长度不少于高度的 2/3,如图 1—3 所示。

(2)直槎的留设方法

直槎的留设方法是每隔一皮砌出墙外 1/4 砖,作为接槎之

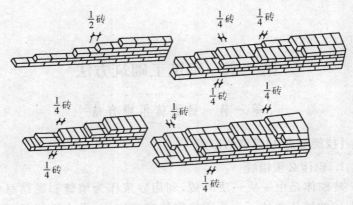

图 1—2 错缝

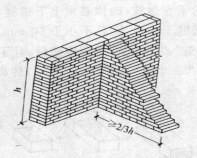

图 1—3 实心砖斜槎留设方法

用,并且沿高度每隔 500 mm 加 2 根 $\phi6$ 拉结钢筋。拉结钢筋伸
入墙内均不宜小于 50 cm,对抗震烈度 6 度、7 度的地区,不应小
于100 cm;末端应有 90°弯钩,如图 1—4 所示。

(3)控制水平灰缝的厚度

砌体水平方向的缝叫卧缝或水平缝。砌体水平灰缝厚度规
定最大为 8～12 mm,一般为 10 mm。灰缝太厚,会使砌体的压
缩变形过大,砌上去的砖会发生滑移,对墙体的稳定性不利;太
薄则不能保证砂浆的饱满度和均匀性,对墙体的黏结、整体性产
生不利影响。砌筑时,在墙体两端和中部架设皮数杆,拉通线来
控制水平灰缝厚度。同时要求砂浆的饱满程度应不低于 80%。

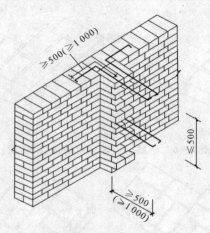

图1—4　实心砖直槎留设方法(单位:mm)

【技能要点2】普通砖砌体组砌方法

1. 一顺一丁组砌法

分为十字缝组砌法与骑马缝组砌法两种。十字缝组砌法是由一皮顺砖与一皮丁砖相互交替组砌而成。上下皮的竖缝相互错开1/4砖,如图1—5所示。骑马缝组砌法是先将角部两块七分头砖准确定位,其后隔层摆一丁砖,再按"山丁檐跑"的原则依次摆好砖。一顺一丁墙的大角砌法如图1—6和图1—7所示。

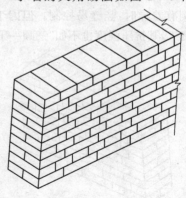

图1—5　一顺一丁

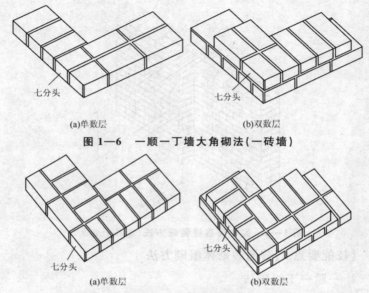

(a)单数层   (b)双数层

图 1—6   一顺一丁墙大角砌法（一砖墙）

(a)单数层   (b)双数层

图 1—7   一顺一丁墙大角砌法（一砖半墙）

2.梅花丁组砌法

在同一皮砖内一块顺砖一块丁砖间隔砌筑，上下皮间竖缝错开
1/4砖，丁砖必须在条砖的中间，如图1—8所示。该种砌法内外竖缝
每皮都能错开搭接，故墙的整体性好，墙面较平整，竖缝易对齐，特别
是当砖的长、宽比例有差异时，竖缝易控制。但因丁、顺砖交替砌筑，
操作时易搞错、较费工，其抗压强度也不如"三顺一丁"好。

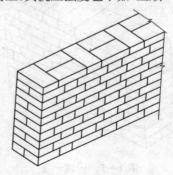

图 1—8   梅花丁

3. 三顺一丁组砌法

由三皮顺砖一皮丁砖相互交替组砌而成。上下顺砖竖缝相互错开 1/2 砖长,上下丁砖与顺砖竖缝相互错开 1/4 砖长。檐墙与山墙的丁砖层不在同一皮,以利于错缝搭接。在头角处的丁砖层常采用"内七分头"调整错缝搭接,如图 1—9 所示。三顺一丁大角砌法如图 1—10 所示。

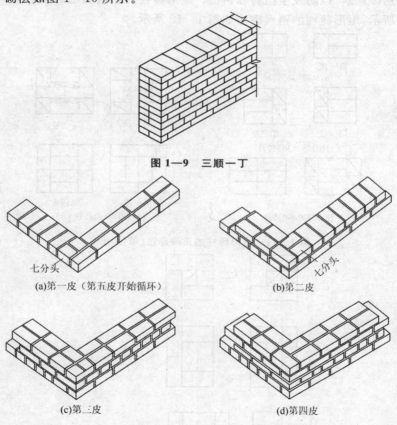

图 1—9 三顺一丁

七分头

(a)第一皮(第五皮开始循环)

(b)第二皮

(c)第三皮

(d)第四皮

图 1—10 三顺一丁大角砌法

【技能要点 3】矩形砖柱的组砌法

一般常见的砖柱尺寸有 240 mm × 240 mm、370 mm ×

370 mm、490 mm×490 mm、370 mm×490 mm 和 490 mm×620 mm。其组砌时柱面上下各皮砖的竖缝至少错开 1/4 砖,柱心不得有通缝,不允许采用"包心组砌法"。对于砖柱,除了与砖墙相同的要求以外,应尽量选用整砖砌筑。每工作班的砌筑高度不宜超过 1.8 m,柱面上不得留设脚手眼,如果是成排的砖柱,必须拉通线砌筑,以防发生扭转和错位。矩形砖柱的正确砌法如图1—11所示,矩形砖柱的错误砌法如图 1—12 所示。

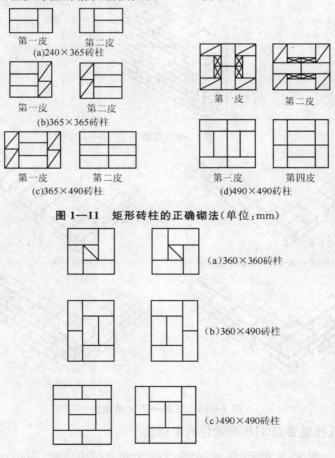

第一皮　　　第二皮
(a)240×365砖柱

第一皮　　　第二皮
(b)365×365砖柱

第一皮　　　第二皮
(c)365×490砖柱

第·皮　　　第二皮

第一皮　　　第四皮
(d)490×490砖柱

图 1—11　矩形砖柱的正确砌法(单位:mm)

(a)360×360砖柱

(b)360×490砖柱

(c)490×490砖柱

图 1—12　矩形砖柱的错误砌法(单位:mm)

【技能要点4】空心砖墙和多孔砖墙的组砌方法

1.空心砖墙组砌的方法

空心砖墙是用烧结空心砖与砂浆砌筑而成的非承重填充墙。一般采用侧立砌筑,孔洞水平方向平行于墙面,空心砖墙的厚度等于实心砖的厚度,采用全顺砌法,上下皮竖缝相互错开 1/2 砖长,如图 1—13 所示。

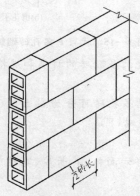

图 1—13 空心砖墙砌筑

2.多孔砖墙组砌的方法

多孔砖墙是用烧结多孔砖与砂浆砌筑而成的承重墙。代号为 M 的多孔砖(规格为 190 mm×190 mm×90 mm)一般采用全顺砌法,上下皮竖缝错开 1/2 砖长,如图 1—14 所示。代号为 P 的多孔砖(规格为 240 mm×115 mm×90 mm),其砌法有一顺一丁和梅花丁两种,如图 1—15 所示。

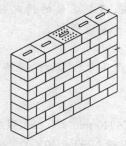

图 1—14 代号 M 多孔砖砌筑

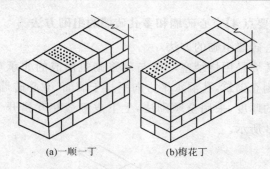

(a)一顺一丁   (b)梅花丁

图 1—15 代号 P 多孔砖砌筑

烧结多孔砖的种类和规格

1. 分类

按主要原料烧结多孔砖可分为黏土砖（N）、页岩砖（Y）、煤矸石砖（M）和粉煤灰砖（F）。

2. 规格

砖的外形为直角六面体,其长度、宽度、高度尺寸应符合下列要求：

290,240,190,180(mm)；

175,140,115,90(mm)。

其他规格尺寸由供需双方协商确定。

3. 质量等级

（1）根据抗压强度分为 MU30、MU25、MU20、MU15、MU10 五个强度等级。

（2）强度和抗风化性能合格的砖,根据尺寸偏差、外观质量、孔型及孔洞排列、泛霜、石灰爆裂的情况分为优等品（A）、一等品（B）和合格品（C）三个质量等级。

4. 产品标记

砖的产品标记按产品名称、品种、规格、强度等级、质量等级和标准编号顺序编写。

标记示例：

规格尺寸 290 mm×140 mm×90 mm,强度等级 MU25 的优等品黏土砖标记为"烧结多孔砖 N290×140×90 25A GB 13544"。

砖的孔洞尺寸应符合表1—1的规定。

表1—1　烧结多孔砖的孔洞尺寸(单位:mm)

圆孔直径	非圆孔内切圆直径	手抓孔
≤22	≤15	(30～40)×(75～85)

第二节　砖砌体操作作法

【技能要点1】铲灰

1.瓦刀取灰方法

操作者右手拿瓦刀,向右侧身弯腰(灰桶方向)将瓦刀插入灰桶内侧(靠近操作者的一边),然后转腕将瓦刀口边接触灰桶内壁,顺着将瓦刀刮起,这时瓦刀已挂满灰浆,如图1—16所示。

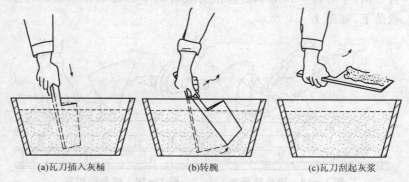

(a)瓦刀插入灰桶　　　　(b)转腕　　　　(c)瓦刀刮起灰浆

图1—16　瓦刀取灰方法

2.用大铲铲灰

操作者右手拿大铲,向右侧身弯腰(灰桶方向)将大铲切入(大铲面水平略带倾斜)灰桶砂浆中,向左前或右前顺势舀起砂浆,如图1—17所示。铲灰时要掌握好取灰的数量,尽量做到一刀灰一块砖。

【技能要点2】铺灰

1.砌条砖的手法

(1)甩法:铲取砂浆呈均匀条状提至砌筑位置后,铲面转至垂

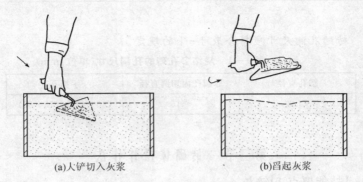

(a)大铲切入灰浆   (b)舀起灰浆

图 1—17 大铲铲灰

直方向(手心朝上),用手腕向上扭动,配合手臂的上挑力顺砖面中心将灰甩出呈均匀条状落下,如图 1—18 所示。

(2)扣法:铲取砂浆呈均匀条状提至砌筑位置后,铲面转至垂直方向(手心朝下),用手腕前推力顺砖面中心将灰扣出呈均匀条状落下,如图 1—19 所示。

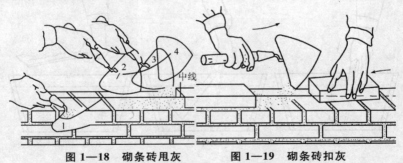

图 1—18 砌条砖甩灰   **图 1—19 砌条砖扣灰**

(3)泼法:铲取砂浆呈扁平状提至砌筑位置后,铲面转成斜状(手柄在前),用手腕转动成半泼半甩、平行向前推进泼出,如图 1—20 所示。

(4)溜法:铲取砂浆呈扁平状提至砌筑位置后,铲尖紧贴灰面,铲柄略抬高向身后抽铲落灰,如图 1—21 所示。

2.砌丁砖铺灰法

(1)正手甩灰:铲取砂浆呈扁平状提至砌筑位置后,铲面转成斜状(朝手心方向),利用手臂的左推力将灰甩出,如图 1—22 所示。

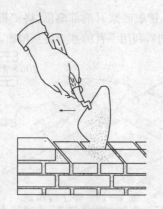

图1—20　砌条砖泼灰

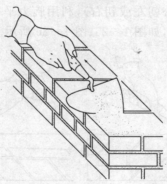

图1—21　砌长砖溜灰

　　(2)反手甩灰:铲取砂浆呈扁平状提至砌筑位置后,铲面转成斜状(朝手背方向),利用手臂的右推力将灰甩出,如图1—23所示。

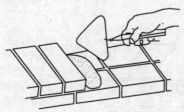

图1—22　砌丁砖正手甩灰

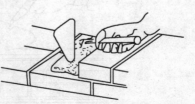

图1—23　砌丁砖反手甩灰

　　(3)砌丁砖扣灰:铲取砂浆时前部略低,将铲提至砌筑位置后,铲面转成斜状(朝丁砖方向),利用手臂的推力将灰甩出,如图1—24所示。

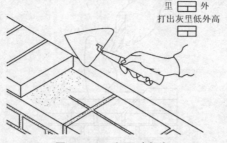

图1—24　砌丁砖扣灰

　　(4)砌丁砖正(反)泼灰:铲取砂浆呈扁平状提至砌筑位置后,铲面转成斜状(掌心朝左或朝右),利用腕力平行向左正泼或利用腕力平拉反泼砂浆,如图1—25、图1—26所示。

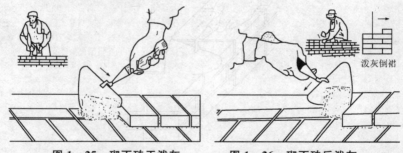

图1—25　砌丁砖正泼灰　　　**图1—26　砌丁砖反泼灰**

　　(5)砌丁砖溜灰:铲取砂浆前部略厚,将铲提至砌筑位置后,将手臂伸过准线,使大铲边与墙边取平,抽铲落灰,如图1—27所示。

图1—27　砌丁砖溜灰

【技能要点3】取砖挂灰

1. 取砖

砌墙时,操作者应顺墙斜站,砌筑方向是由前向后退着砌。这样易于随时检查已砌好的墙是否平直。用单手挤浆法操作时,铲灰和取砖的动作应一次完成,以减少弯腰次数,争取缩短砌筑时间。左手取砖与右手铲灰的动作应该一次完成,一般采用"旋转法"取砖。

所谓"旋转法",是将砖平托在左手掌上,使掌心向上,砖的大面贴在手心,这时用该手的食指或中指稍勾砖的边棱,依靠四指向大拇指方向的运动,配合抖腕动作,砖就在左掌心旋转起来了。操作者可观察砖的四个面(两个条面、两个丁面),然后选定最合适的面朝向墙的外侧,如图1—28所示。

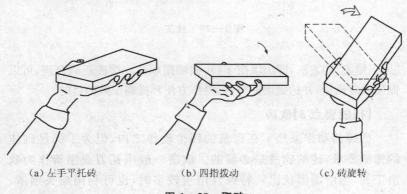

(a)左手平托砖　　　(b)四指拨动　　　(c)砖旋转

图1—28 取砖

2. 挂灰

挂灰一般用瓦刀,动作可分解为准备动作、第一次至第四次挂灰等五个动作,如图1—29所示。

【技能要点4】摆砖

砌砖墙之前,先行用干砖排砖,称为摆砖、撂底。所谓试摆砖就是按照规定的组砌形式将砖通过几次调整后摆好;撂底就是将通过试摆所确定的底层砖(两皮砖)组砌形式固定。摆砖一般都用

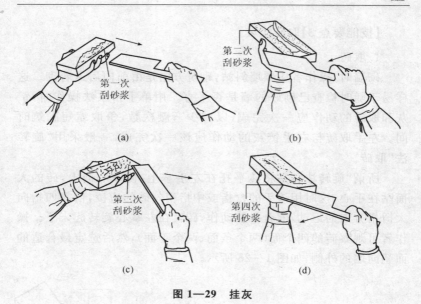

第一次
刮砂浆

(a)

第二次
刮砂浆

(b)

第三次
刮砂浆

(c)

第四次
刮砂浆

(d)

图 1—29　挂灰

"山丁檐跑"的方法,即山墙摆丁砖,檐墙摆顺砖。摆砖正确合理,可以保证砌砖质量,并达到墙面整齐、操作方便和提高工效的目的。

【技能要点 5】砍砖

砍砖的动作虽然不在砌筑的四个动作之内,但为了满足砌体的错缝要求,砖的砍凿是必要的。砍凿一般用瓦刀或刨锛作为砍凿工具,当所需形状比较特殊且用量较多时,也可利用扁头钢凿、尖头钢凿配合手锤开凿。开凿尺寸的控制一股是利用砖作为模数来进行划线的,其中七分头用得最多,可以在瓦刀柄和刨锛把上先量好位置,刻好标记槽,以利提高工效。

【技能要点 6】"三一"砌砖法

"三一"砌砖法又称铲灰挤砌法,其基本操作是"一铲灰、一块砖、一揉压"。

1.步法

操作时,人应顺墙体斜站,左脚在前离墙约 150 mm 左右,右脚在后距墙及左脚跟 300～400 mm。砌筑方向是由前往后退着走，以便可以随时检查已砌好的砖墙是否平直。砌完 3～4 块砖后，左脚后退一大步（约 700～800 mm），右脚后退半步，人斜对墙面，可砌筑约 500 mm。砌完后左脚后退半步，右脚后退一步，恢复到开始砌砖时位置，如图 1—30 所示。

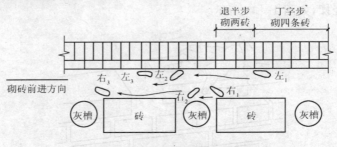

图 1—30　"三一"砌砖法的步法

2. 铲灰取砖

铲灰时应先用铲底摊平砂浆表面，便于掌握吃灰量，然后用手腕横向转动来铲灰，减少手臂动作。取灰量要根据灰缝厚度而定，以满足一块砖的需要量为准。取砖时应随拿砖随挑选好下块砖。左手拿砖，右手铲砂浆，同时拿起来，以减少弯腰次数，争取砌筑时间。

3. 铺灰

铺灰可用方形大铲或桃形大铲。方形大铲的形状、尺寸与砖面的铺灰面积相似。铺灰动作可分为甩、溜、丢、扣等。砌顺砖时，当墙砌得不高且距操作处较远时，一般采用溜灰方法铺灰；当墙砌得较高且近身砌砖时，常用扣灰方法铺灰；此外，还可采用甩灰方法铺灰。

砌丁砖时，当墙砌得较高且近身砌砖时，常用丢灰方法铺灰；其他情况下，还可采用扣灰方法铺灰。

4. 揉挤

左手拿砖在已砌好的砖前约 30～40 mm 处开始平放摊挤，并用手轻揉。揉砖时，眼要上边看线，下边看墙皮，左手中指随即同时伸下,摸一下上、下砖棱是否齐平。砌好一块砖后,随即用铲将挤出的砂浆刮回,放在竖缝中或投入灰斗内。揉砖的目的主要是使砂浆饱满。铺在砖面上的砂浆如果较薄,揉的劲要小些;砂浆较厚时,揉的劲要大一些,并且根据已铺砂浆的位置,要前后揉或左右揉。总之,以揉到"下齐砖棱,上齐线"为适宜,要做到平齐、轻放、轻揉,如图1—31所示。

图1—31　揉砖

5."三一"砌砖法适合砌筑部位

"三一"砌砖法适合于窗间墙、砖柱、砖垛、烟囱等较短的部位的砌筑。

【技能要点7】铺灰挤砌法

1.双手挤浆法

步法。操作时,人将靠墙的一只脚站定,脚尖稍偏向墙边,另一只脚向斜前方踏出400 mm左右(随着砌砖动作灵活移动),使两脚很自然地站成"T"字形。身体离墙约70 mm,胸部略向外倾斜。这样,转身拿砖、挤砌和看棱角都灵活方便。操作者总是沿着砌筑方向前进,每前进一步能砌2块顺砖长。

铺灰。用灰勺时,每铺一次砂浆用瓦刀摊平。用灰勺、大铲或瓦刀铺砂浆时,应力求砂浆平整,防止出现沟槽空隙。砂浆铺得应比墙厚稍窄,形成缩口灰。

拿砖。拿砖时,要先看好砖的方位及大小面,转身踏出半步拿砖,先动靠墙这只手,另一只手跟着上去(有时两手同时取砖)。拿砖后退回成"T"字形,身体转向墙身;选好砖的棱角并掌握好砖的正面,即进行挤浆。

挤砌。由靠墙的一只手先挤砌,另一只手迅速跟着挤砌。如砌丁砖,当手上拿的砖与墙上原砌的砖相距 50～60 mm 时,把砖的一侧抬起约 40 mm,将砖插入砂浆中,随即将砖放平,手掌不要用力挤压,只需依靠砖的倾斜自坠力压住砂浆,平推前进。如砌顺砖,当手上拿的砖与墙上原砌的砖相距约 130 mm 时,把砖的一头抬起约 40 mm,将砖插入砂浆中,随即将砖放平,手掌不要用力挤压,只需依靠砖的倾斜自坠力压住砂浆,平推前进。若竖缝过大,可用手掌稍加压力,将灰缝压实至 10 mm 为止。然后看准砖面,如有不平,用手掌加压,使砖块平整。由于顺砖长,因而要特别注意砖块下齐边、上平线,以防墙面产生凹进凸出和高低不平现象,如图 1—32 所示。

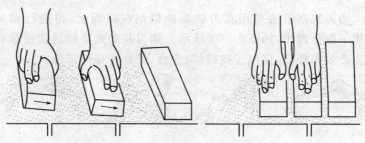

图 1—32　双手挤浆砌丁砖

2. 单手挤浆法

步法。操作时,人要沿着砌筑方向退着走,左手拿砖,右手拿瓦刀(或大铲)操作前按双手挤浆的站立姿势站好,但要离墙面稍远一点。

铺灰、拿砖。动作要点与双手挤浆相同。

挤砌。动作要点与双手挤浆相同,如图 1—33 所示。

3. 铺灰挤砌法适合砌筑部位

铺灰挤砌法适合于砌筑混水和清水长墙。

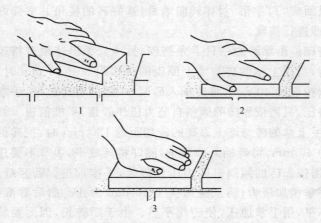

图 1—33　单手挤砌顺砖

【技能要点 8】满刀灰刮浆法

满刀灰刮浆法是用瓦刀铲起砂浆刮在砖面上,再进行砌筑。刮浆一般分四步,如图 1—34 所示。满刀灰刮浆法砌筑质量较好,但生产效率较低,仅用于砌砖拱、窗台、炉灶等特殊部位。

图 1—34　满刀灰刮浆法

【技能要点 9】"二三八一"砌筑法

1. 步法

丁字步。砌筑时,操作者背向砌筑的前进方向,站成丁字步,边砌边后退靠近灰槽。这种方法也称"拉槽"砌法。

并列步。操作者砌到近身墙体时,将前腿后移半步成并列步面向墙体,又可以完成 500 mm 墙体的砌筑。砌完后将后腿移至另一灰槽近处,进而又站成丁字步,恢复前一砌筑过程的步法。

丁字步和并列步循环往复,使砌砖动作有节奏地进行。

2.身法

侧身弯腰。铲灰、拿砖时用侧身弯腰动作,身体重心在后腿,利用后腿微弯、肩斜、手臂下垂等一系列动作使铲灰的手很快伸入灰槽内铲取砂浆,同时另一只手完成拿砖动作。

正弯腰。当砌筑部位离身体较近时,操作者前腿后撤半步由侧身弯腰转身成并列步正弯腰,完成辅灰和挤浆动作后,身体重心还原。

丁字步弯腰。当砌筑部位离身体较远时,操作者由侧身弯腰转身成丁字步弯腰,将后腿伸直,身体重心移至前腿,完成辅灰和挤浆动作。

砌筑身法应随砌筑部位的变化配合步法进行有节奏地交替的变换,不仅使动作连贯,而且可以减轻腰部的劳动强度。

3.辅灰手法

(1)砌顺砖的四种铺灰手法是"甩"、"扣"、"泼"、"溜"。

1)甩。当砌筑离身体较远且砌筑面较低的墙体部位时,铲取均匀条状砂浆,大铲提升到砌筑位置,铲面转成90°,顺砖面中心甩出,使砂浆呈条状均匀落下。用手腕向上扭动配合手臂的上挑力来完成。

2)扣。当砌筑离身体较近且砌筑面较高的墙体部位时,铲取均匀条状砂浆,反铲扣出灰条。铲面运动轨迹正好与"甩"相反,是手心向下折回动作,用手臂前推力扣落砂浆。

3)泼。当砌筑离身体较近及身体后部的墙体部位时,铲取扁平状均匀的灰条,提升到砌筑面时将铲面翻转,手柄在前平行推进泼出灰条。动作比"甩"和"扣"简单,熟练后可用手腕转动成"半泼半甩"动作,代替手臂平推。"半泼半甩"动作范围小,适用于快速砌砖。泼灰铺出灰条成扁平状,灰条厚度为15 mm,挤浆时放砖平稳,比"甩"灰条挤浆省力。也可采用"远甩近泼",特别在砌到墙体的尽端,身体不能后退,可将手臂伸向后部用"泼"的手法完成铺灰。

4)溜。当砌角砖时,铲取扁平状均匀的灰条,将大铲送到墙角,抽铲落灰,使砌角砖减少落地灰。

(2)砌丁砖的四种铺灰手法是"扣"、"溜"、"泼"和"一带二"。

1)扣。当砌一砖半的里丁砖时,铲取灰条前部略低,扣出灰条外口略高,这样挤浆后灰口外侧容易挤严。扣灰后伴以刮虚尖动作,使外口竖缝挤满灰浆。

2)溜。当砌丁砖时,铲取扁平状灰条,灰铲前部略高,铺灰时手臂伸过准线,铲边比齐墙边,抽铲落灰,使外口竖缝挤满灰浆。

3)泼。当用里脚手砌外清水墙的丁砖时,铲取扁平状灰条,泼灰时落灰点向里移动 20 mm,挤浆后形成内凹 10 mm 左右的缩口缝,可省去刮舌头灰减少划缝工作量。

4)一带二。当砌丁砖时,由于碰头缝的面积比顺砖的大一倍,这样容易使外口竖缝不密实。以前操作者先在灰槽处抹上碰头灰,然后再铲取砂浆转身铺灰,每砌一块砖,就要做两次铲灰动作,增加了弯腰的时间。如果把抹碰头灰和铺灰两个动作合二为一,在铺灰时,将砖的丁头伸入落灰处,接打碰头灰,使铺灰和打碰头灰同时完成。用一个动作代替两个动作,故称为"一带二"。

以上八种铺灰手法,要求落灰点准,铺出灰条均匀一次成形,从而减少铺灰后再做摊平砂浆等多余动作。

4.挤浆

挤浆时,应将砖面满在灰条 2/3 处,挤浆平推,将高出灰缝厚度的砂浆推挤入竖缝内。挤浆时应有个"揉砖"的动作。这样,砌顺砖时,竖缝灰浆基本上可以挤满;砌丁砖时,能挤满 2/3 的高度,剩余部分由砌上皮砖时通过挤揉可使砂浆挤入竖缝内。挤揉动作,可使平缝、竖缝都能充满砂浆,不仅提高砖块之间的黏结力,而且极大地提高墙体的抗剪强度。

第二章　砖砌体工程施工

第一节　烧结普通砖砌体砌筑

【技能要点1】砖基础砌筑

1. 砖基础构造

普通砖基础由墙基和大放脚两部分组成。墙基与墙身同厚。大放脚即墙基下面的扩大部分,有等高式和不等高式两种。等高式大放脚是两皮一收,每收一次两边各收进1/4砖长;不等高式大放脚是两皮一收与一皮一收相间隔,每收一次两边各收进1/4砖长,如图2—1所示。

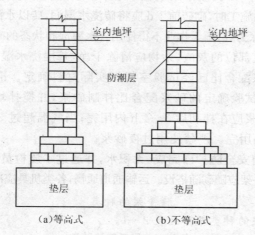

（a）等高式　　　　　　（b）不等高式

图2—1　砖基础剖面

大放脚的底宽应根据设计而定。大放脚各皮的宽度应为半砖长的整倍数(包括灰缝)。

大放脚下面为基础垫层,垫层一般采用灰土、碎砖三合土或混凝土等构筑。

　　在墙基顶面应设防潮层,防潮层宜用 1：2.5(质量比)水泥砂浆加适量的防水剂铺设,其厚度一般为 20 mm,位置在底层室内地面以下一皮砖处,即离底层室内地面下 60 mm 处。

　　2.施工准备

　　(1)砖基础工程所用的材料应有产品的合格证书、产品性能检测报告。砖、水泥、外加剂等尚应有材料主要性能的进场复验报告。严禁使用国家或本地区明令淘汰的材料。

　　(2)基槽或基础垫层已完成,并验收合格,办完隐检手续。

　　(3)置龙门板或龙门桩,标出建筑物的主要轴线,标出基础及墙身轴线及标高,并弹出基础轴线和边线;立好皮数杆(间距为15～20 m,转角处均应设立),办完预检手续。

　　(4)根据皮数杆最下面一层砖的标高,拉线检查基础垫层、表面标高是否合适,如第一层砖的水平灰缝大于 20 mm 时,应用细石混凝土找平,不得用砂浆或在砂浆中掺细砖或碎石处理。

　　(5)常温施工时,砌砖前 1 d 应将砖浇水湿润,砖以水浸入表面下10～20 mm 深为宜;雨天作业不得使用含水率饱和状态的砖。

　　(6)砌筑部位的灰渣、杂物应清除干净,基层浇水湿润。

　　(7)砂浆配合比已经试验室根据实际材料确定。准备好砂浆试模。应按试验确定的砂浆配合比拌制砂浆,并搅拌均匀。常温下拌好的砂浆应在拌和后 3～4 h 内用完;当气温超过 30 ℃时,应在 2～3 h 内用完。严禁使用过夜砂浆。

　　(8)基槽安全防护已完成,无积水,并通过了质检员的验收。

　　(9)脚手架应随砌随搭设。运输通道通畅,各类机具应准备就绪。

脚手架的种类

　　脚手架的种类划分见表 2—1。

表 2—1　脚手架的种类

划分依据	种　　类
按用途划分	分砌墙脚手架和装饰脚手架
按使用材料划分	木脚手架、竹脚手架和金属脚手架
按使用场所划分	外脚手架、里脚手架
按构造形式划分	分立杆式、框式、吊挂式、悬挑式、工具式

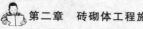

(10)砌筑基础前,应校核放线尺寸,允许偏差应符合表2—2的规定。

表2—2　放线尺寸的允许偏差

长度 L、宽 B(m)	允许偏差(mm)	长度 L、宽度 B(m)	允许偏差(mm)
L(或 B)≤30	±5	60<L(或 B)≤90	±15
30<L(或 B)≤30	±10	L(或 B)>90	±20

(11)基底标高不同时,应从低处砌起,并应由高处向低处搭砌。当设计无要求时,搭接长度不应小于基础扩大部分的高度。

(12)基础的转角处和交接处应同时砌筑。当不能同时砌筑时,应按规定留槎、接槎。

3.基础弹线

在基槽四角各相对龙门板的轴线标钉上拴上白线挂紧,沿白线挂线锤,找出白线在垫层面上的投影点,把各投影点连接起来,即基础的轴线。按基础图所示尺寸,用钢尺向两侧量出各道基础底部大脚的边线,在垫层上弹上墨线。如果基础下没有垫层,无法弹线,可将中线或基础边线用大钉子钉在槽沟边或基底上,以便挂线。

4.设置基础皮数杆

基础皮数杆应设在基础转角(图2—2)、内外墙基础交接处及高低踏步处。基础皮数杆上应标明大放脚的皮数、退台、基础的底标高、顶标高以及防潮层的位置等。如果相差不大,可在大放脚砌筑过程中逐皮调整,灰缝可适当加厚或减薄(俗称提灰或杀灰),但要注意在调整中防止砖错层。

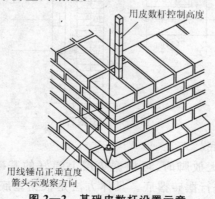

图2—2　基础皮数杆设置示意

龙门板、皮数杆简介

(1)龙门板(图 2—3)。龙门板是在房屋定位放线后,砌筑时定轴线、中心线的标准。施工定位时一般要求板顶面的高程即为建筑物的相对标高(±0.000)。在板上划出轴线位置,以画"中"字示意,板顶面还要钉一根 20～25 mm 长的钉子。

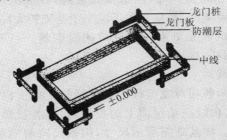

图 2—3　龙门板

(2)皮数杆(图 2—4)。皮数杆是砌筑砌体在高度方向的基数。皮数杆分为基础用和地上用两种。

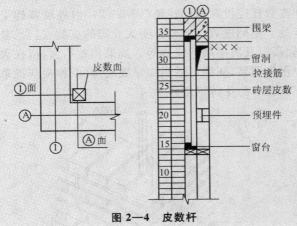

图 2—4　皮数杆

5.排砖摆底

砌筑基础大放脚时,可根据垫层上弹好的基础线按"退台压丁"的方法先进行摆砖摆底。具体方法是根据基底尺寸边线和已确定的组砌方式及不同的砂浆,用砖在基底的一段长度上干摆一层。摆砖时应考虑竖缝的宽度,并按"退台压丁"的原则进行,上、下皮砖错缝达 1/4 砖长,在转角处用"七分头"来调整搭接,避免立缝重缝。摆完后应经复核无误才能正式砌筑。为了砌筑时有规律可循,必须先在转角处将角盘起,再以两端转角为标准拉准线,并按准线逐皮砌筑。当大放脚返台到实墙后,再按墙的组砌方法砌筑。排砖摆底工作的好坏,影响到整个基础的砌筑质量,必须严肃认真地做好。

常见摆底排砖方法,有六皮三收等高式大放脚(图 2—5)和六皮四收间隔式大放脚(图 2—6)。

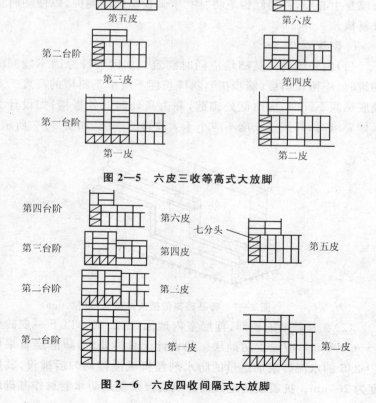

图 2—5 六皮三收等高式大放脚

图 2—6 六皮四收间隔式大放脚

6. 盘角

即在房屋的转角、大角处立皮数杆砌好墙角。每次盘角高度不得超过五皮砖,并需用线锤检查垂直度和用皮数杆检查其标高有无偏差。如有偏差时,应在砌筑大放脚的操作过程中逐皮进行调整(俗称提灰缝或刹灰缝)。在调整中,应防止砖错层,即要避免"螺丝墙"情况。

7. 收台阶

基础大放脚每次收台阶必须用尺量准尺寸,其中部的砌筑应以大角处准线为依据,不能用目测或砖块比量,以免出现误差。在收台阶完成后和砌基础墙之前,应利用龙门板的"中心钉"拉线检查墙身中心线,并用红铅笔将"中"字画在基础墙侧面,以便随时检查复核。

8. 砌筑要点

(1)内外墙的砖基础均应同时砌筑。如因特殊原因不能同时砌筑时,应留设斜槎(踏步槎),斜槎长度不应小于斜槎的高度。基础底标高不同时,应由低处砌起,并由高处向低处搭接;如设计无具体要求时,其搭接长度不应小于大放脚的高度,如图 2—7 所示。

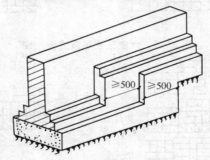

图 2—7 砖基础高低接头处砌法(单位:mm)

(2)在基础墙的顶部、首层室内地面(±0.000)以下一皮砖处(—0.006 m),应设置防潮层。如设计无具体要求,防潮层宜采用1∶2.5 的水泥砂浆加适量的防水剂经机械搅拌均匀后铺设,其厚度为 20 mm。抗震设防地区的建筑物严禁使用防水卷材作基础墙顶部的水平防潮层。

　　建筑物首层室内地面以下部分的结构为建筑物的基础,但为了施工的方便,砖基础一般均只做到防潮层。

　　(3)基础大放脚的最下一皮砖及每个大放脚台阶的上表层砖,均应采用横放丁砌砖所占比例最多的排砖法砌筑。此时不必考虑外立面上下一顺一丁相间隔的要求,以便增强基础大放脚的抗剪强度。基础防潮层下的顶皮砖也应采用丁砌为主的排砖法。

　　(4)砖基础水平灰缝和竖缝宽度应控制在 8～12 mm 之间,水平灰缝的砂浆饱满度用百格网检查不得小于80%。砖基础中的洞口、管道、沟槽和预埋件等,砌筑时应留出或预埋,宽度超过300 mm的洞口应设置过梁。

百格网简介

　　百格网(图 2—8)。用于检查砌体水平缝砂浆饱满度的工具。可用钢丝编制锡焊而成,也有在有机玻璃上划格而成,其规格为一块标准砖的大面尺寸。将其长度方向各分成10格,画成100个小格,故称百格网。

图 2—8　百格网

　　(5)基底宽度为二砖半的大放脚转角处、十字交接处的组砌方法如图 2—9、图 2—10 所示。T 字交接处的组砌方法可参照十字接头处的组砌方法,即将图中竖向直通墙基础的一端(例如下端)截断,改用七分头砖作端头砖即可。有时为了正好放下七分头砖,需将原直通墙的排砖图上错半砖长。

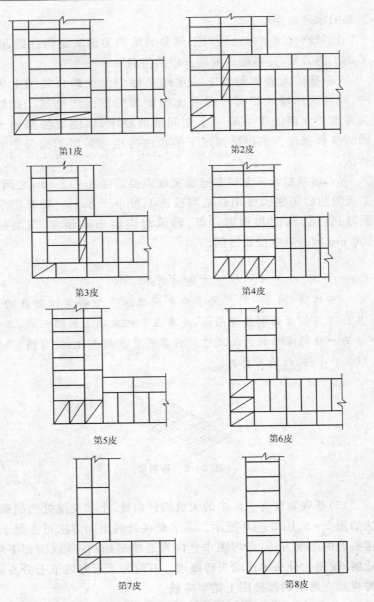

图 2—9　二砖半大放脚转角砌法

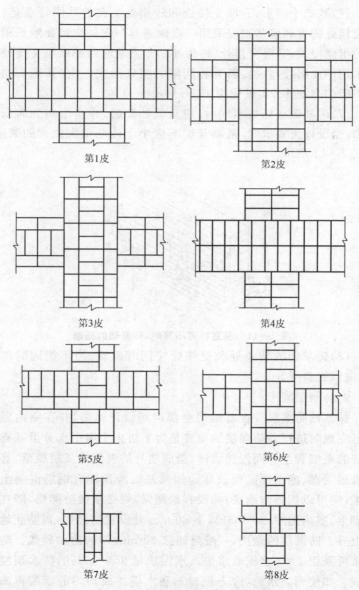

图 2—10　二砖半大放脚十字交接处砌法

（6）基础十字形、T 形交接处和转角处组砌的共同特点是：穿过交接处的直通墙基础应采用一皮砌通与一皮从交接处断开相间隔的组砌型式；T 形交接处、转角处的非直通墙的基础与交接处也应采用一皮搭接与一皮断开相间隔的组砌形式，并在其端头加七分头砖（3/4 砖长，实长应为 177～178 mm）。

（7）砖基础底标高不同时，应从低处砌起，并应由高处向低处搭砌，当设计无要求时，搭砌长度不应小于砖基础大放脚的高度，如图 2—11 所示。

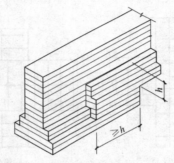

图 2—11   基底标高不同时，砖基础的搭砌

（8）砖基础的转角处和交接处应同时砌筑，当不能同时砌筑时，应留置斜槎。

9.防潮层施工

抹基础防潮层应在基础墙全部砌到设计标高，并在室内回填土已完成时进行。防潮层的设置是为了防止土壤中水分沿基础墙中砖的毛细管上升而侵蚀墙体，造成墙身的表面抹灰层脱落，甚至墙身因受潮、冻结膨胀而破坏。如果基础墙顶部有钢筋混凝土地圈梁，则可以代替防潮层；如没有地圈梁，则必须做防潮层，即在砖基础上，室内地坪±0.000 以下 60 mm 处设置防潮层，以防止地下水上升。防潮层的做法，一般是铺抹 20 mm 厚的防水砂浆。防水砂浆可采用 1∶2 水泥砂浆加入水泥质量 3%～5%的防水剂搅拌而成。如使用防水粉，应先把粉剂和水搅拌成均匀的稠浆再添加到砂浆中去，不允许用砌墙砂浆加防水剂来抹防潮层；也可浇筑

60 mm 厚的细石混凝土防潮层。对防水要求高的,可再在砂浆层上铺油毡,但在抗震设防地区不能用。抹防潮层时,应先在基础墙顶的侧面抄出水平标高线,然后用直尺夹在基础墙两侧,尺面按水平标高线找准,然后摊铺防水砂浆,待初凝后再用木抹子收压一遍,做到平实且表面拉毛。

10.注意事项

(1)沉降缝两边的基础墙按要求分开砌筑,两侧的墙要垂直,缝的大小上下要一致,不能贴在一起或者搭砌,缝中不得落入砂浆或碎砖。先砌的一边墙应把舌头灰刮清,后砌的一边墙的灰缝应缩进砖口,避免砂浆堵住沉降缝,影响自由沉降。为避免缝内掉入砂浆,可在缝中间塞上木板,随砌筑随将木板上提。

(2)基础的埋置深度不等高呈踏步状时,砌砖时应先从低处砌起,不允许先砌上面后砌下面。在高低台阶接头处,下面台阶要砌长不小于 50 cm 的实砌体,砌到上面后与上面的砖一起退台。

(3)基础预留孔必须在砌筑时留出,位置要准确,不得事后凿基础。

(4)灰缝要饱满,每次收砌退台时应用稀砂浆灌缝,使立缝密实,以抵御水的侵蚀。

(5)基础墙砌完,经验收后进行回填,回填时应在墙的两侧同时进行,以免单面填土使基础墙在土压力下变形。

【技能要点 2】砖墙砌筑

1.实心砖墙组砌方式

实心墙体一般采用一顺一丁(满丁满条)、梅花丁或三顺一丁砌法,如图 2—12 所示。代号 M 多孔砖的砌筑形式只有全顺,每皮均为顺砖,其抓孔平行于墙面,上下皮竖缝相互错开 1/2 砖长,如图 2—13 所示。

代号 P 的多孔砖有一顺一丁及梅花丁两种砌筑形式,一顺一丁是一皮顺砖与一皮丁砖相隔砌成,上下皮竖缝相互错开 1/4 砖长;梅花丁是每皮中顺砖与丁砖相隔,丁砖坐中于顺砖,上下皮竖缝相互错开 1/4 砖长,如图 2—14 所示。

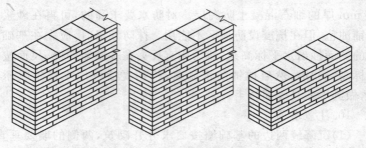

图 2—12　砖墙组砌方式

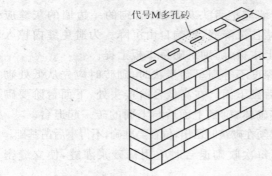

代号M多孔砖

图 2—13　代号 M 多孔砖砌筑形式

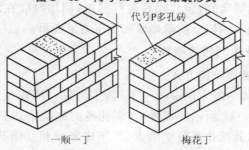

代号P多孔砖

一顺一丁　　　　　　　　梅花丁

图 2—14　代号 P 多孔砖砌筑形式

2. 实心砖墙体组砌方法

组砌形式确定后,组砌方法也随之而定。采用一顺一丁形式砌筑的砖墙的组砌方法如图 2—15 所示,其余组砌方法依次类推。

3. 找平并弹墙身线

砌墙之前,应将基础防潮层或楼面上的灰砂泥土、杂物等清除干净,并用水泥砂浆或豆石混凝土找平,使各段砖墙底部标高符合设计要求。找平时,需使上下两层外墙之间不致出现明显的接缝。随后开始弹墙身线。

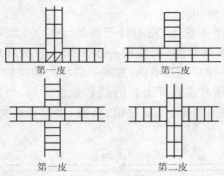

第一皮　　　　　　　　第二皮

第一皮　　　　　　　　第二皮

图 2—15　一顺一丁砖墙组砌方法

弹线的方法。根据基础四角各相对龙门板,在轴线标钉上拴上白线挂紧,拉出纵横墙的中心线或边线,投到基础顶面上,用墨斗将墙身线弹到墙基上。内间隔墙如没有龙门板时,可自外墙轴线相交处作为起点,用钢尺量出各内墙的轴线位置和墙身宽度,并根据图样画出门窗口位置线。墙基线弹好后,按图样要求复核建筑物长度、宽度、各轴线间尺寸。经复核无误后,即可作为底层墙砌筑的标准。

如在楼房中,楼板铺设后要在楼板上弹线定位。弹墙身线的方法如图 2—16 所示。

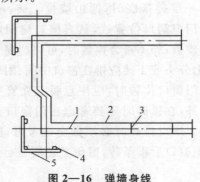

图 2—16　弹墙身线

1—轴线;2—内墙边线;3—窗口位置线;4—龙门桩;5—龙门板

4.立皮数杆并检查核对

砌墙前应先立好皮数杆,皮数杆一般应立在墙的转角、内外墙交接处以及楼梯间等突出部位,其间距不应太长,以 15 m 以内为宜,如图 2—17 所示。

皮数杆钉于木桩上,皮数杆下面的±0.000 线与木桩上所抄测的±0.000 线要对齐,都在同一水平线上。所有皮数杆应逐个检查是否垂直,标高是否准确,在同一道墙上的皮数杆是否在同一平面内。核对所有皮数杆上砖的层数是否一致,每皮厚度是否一致,对照图样核对窗台、门窗过梁、雨篷、楼板等标高位置,核对无误后方可砌砖。

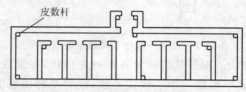

图 2—17　皮数杆设立设置

5.排砖摞底

在砌砖前,要根据已确定的砖墙组砌方式进行排砖摞底,使砖的垒砌合乎错缝搭接要求,确定砌筑所需要块数,以保证墙身砌筑竖缝均匀适度,尽可能做到少砍砖。排砖时应根据进场砖的实际长度尺寸的平均值来确定竖缝的大小。

一般外墙第一层砖摞底时,两山墙排丁砖,前后檐纵墙排条砖。根据弹好的门窗洞口位置线,认真核对窗间墙、垛尺寸,其长度是否符合排砖模数;如不符合模数时,可将门窗口的位置左右移动。若有破活,七分头或丁砖应排在窗口中间、附墙垛或其他不明显的部位。移动门窗口位置时,应注意暖卫立管安装及门窗开启时不受影响。另外,在排砖时还要考虑在门窗口上边的砖墙合拢时也不出现破活。所以排砖时必须做全盘考虑,前后檐墙排第一皮砖时,要考虑甩窗口后砌条砖,窗角上必须是七分头才好砌。

6.立门窗框

一般门窗有木门窗、铝合金门窗和钢门窗、彩板门窗、塑钢门窗等。门窗安装方法有"先立口"和"后塞口"两种方法。对于木门窗一般采用"先立口"方法，即先立门框或窗框，再砌墙。亦可采用"后塞口"方法，即先砌墙，后安门窗。对于金属门窗一般采用"后塞口"方法。对于先立框的门窗洞口砌筑，必须与框相距 10 mm左右砌筑，不要与木框挤紧，造成门框或窗框变形。后立木框的洞口，应按尺寸线砌筑。根据洞口高度在洞口两侧墙中设置防腐木拉砖（一般用冷底子油浸一下或涂刷即可）。洞口高度 2 m 以内，两侧各放置三块木拉砖，放置部位距洞口上、下边 4 皮砖，中间木砖均匀分布，即原则上木砖间距为 1 m 左右。木拉砖宜做成燕尾状，并且小头在外，这样不易拉脱。不过，还应注意木拉砖在洞口侧面位置是居中、偏内还是偏外。对于金属等门窗则按图埋入铁件或采用紧固件等，其间距一般不宜超过 600 mm，离上、下洞口边各三皮砖左右。洞口上、下边同样设置铁件或紧固件。

　　7. 盘角挂线

　　砌砖前应先盘角，每次盘角不要超过五层，新盘的大角，及时进行吊、靠。如有偏差，要及时修整。盘角时要仔细对照皮数杆的砖层和标高，控制好灰缝大小，使水平灰缝均匀一致。大角盘好后再复查一次，平整和垂直完全符合要求后，再挂线砌墙。

　　砌筑一砖半墙必须双面挂线，如果长墙几个人均使用一根通线，中间应设几个支线点。小线要拉紧，每层砖都要穿线看平，使水平缝均匀一致，平直通顺。挂线时要把高出的障碍物去掉，中间塌腰的地方要垫一块砖，俗称腰线砖，如图 2—18 所示。垫腰线砖应注意准线不能向上拱起。经检查平直无误后即可砌砖。

　　每砌完一皮砖后，由两端把大角的人逐皮往上起线。

　　此外还有一种挂线法。不用坠砖而将准线挂在两侧墙的立线上，俗称挂立线，一般用于砌间墙。将立线的上下两端拴在钉入纵墙水平缝的钉子上并拉紧，如图 2—19 所示。根据挂好的立线拉水平准线，水平准线的两端要由立线的里侧往外拴，两端拴的水平缝线要同纵墙缝一致，不得错层。

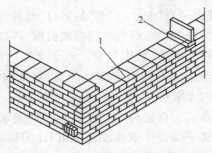

图 2—18　挂线及腰线砖

1—小线；2—腰线砖

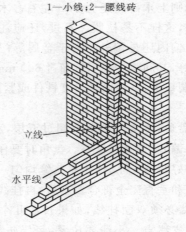

立线

水平线

图 2—19　挂立线

8.墙体砌砖要点

(1)砌砖要点。

1)砌砖宜采用一铁锹灰、一块砖、一挤揉的"三一"砌砖法，即满铺、满挤操作法。砌砖时砖要放平。里手高，墙面就要张；里手低，墙面就要背。

2)砌砖一定要跟线，"上跟线，下跟棱，左右相邻要对平"。

3)水平灰缝厚度和竖向灰缝宽度一般为 10 mm，且不应小于 8 mm，也不应大于 12 mm。

4)为保证清水墙面主缝垂直，不游丁走缝，当砌完一步架高时，宜每隔 2 m 水平间距，在丁砖立楞位置弹两道垂直立线，可以分段控制游丁走缝。

5)在操作过程中,要认真进行自检,如出现偏差,应随时纠正,严禁事后砸墙。

6)清水墙不允许有三分头,不得在上部任意变活、乱缝。

7)砌筑砂浆应随搅拌随使用,一般水泥砂浆必须在 3 h 内用完,水泥混合砂浆必须在 4 h 内用完,不得使用过夜砂浆。

砌筑砂浆原材料的组成质量要求

(1)胶结料。胶结料宜用普通硅酸盐水泥,也可用矿渣硅酸盐水泥。水泥强度等级应根据砂浆强度等级进行选择。水泥砂浆采用的水泥强度等级,不宜大于 32.5 级;水泥混合砂浆采用的水泥强度等级,不宜大于 42.5 级。严禁使用废品水泥。

(2)细集料。细集料宜用中砂,毛石砌宜用粗砂。砂的含泥量不应超过 5%。强度等级为 M2.5 的水泥混合砂浆,砂的含泥量不应超过 10%。人工砂、山砂及特细砂,经试配能满足砌筑砂浆技术条件时,含泥量可适当放宽。

砂应过筛,不得含有草根等杂物。

(3)掺加料。

1)石灰膏。块状生石灰熟化成石灰膏时,应用孔洞不大于 3 mm×3 mm 的网过滤,熟化时间不得少于 7 d;对于磨细生石灰粉,其熟化时间不得少于 2 d。沉淀池中储存的石灰膏,应采取防止干燥、冻结和污染的措施。严禁使用脱水的硬化石灰膏。

2)黏土膏。采用黏土或粉质黏土制备黏土膏时,宜用搅拌机加水搅拌,通过孔洞不大于 3 mm×3 mm 的网过筛。黏土中的有机物含量用比色法鉴定应浅于标准色。

3)磨细生石灰粉。其细度用 0.080 mm 筛的筛余量不应大于 15%。

4)电石膏。制作电石膏的电石渣应经 20 min 加热 70℃,无乙炔气味时方可使用。

5)粉煤灰。可采用Ⅲ级粉煤灰。

6)有机塑化剂。砌筑砂浆中所掺入的微沫剂等有机塑化剂,应经砂浆性能试验合格后,方可使用。

(4)水。拌制砂浆应采用不含有害物质的洁净水或饮用水。

每立方米水泥砂浆材料用量见表2—3。

表2—3　每立方米水泥砂浆材料用量

强度等级	每立方米砂浆水泥用量(kg)	每立方米砂浆砂子用量(kg)	每立方米砂浆用水量(kg)
M2.5～M5	200～230		
M7.5～M10	220～280	1 m³砂子的堆积密度值	270～330
M15	280～340		
M20	340～400		

每立方米混合砂浆材料用量见表2—4。

表2—4　每立方米混合砂浆材料用量

强度等级	每立方米砂浆水泥用量(kg)	每立方米砂浆砂子用量(kg)	每立方米砂浆石灰膏用量(kg)	每立方米砂浆用水量(kg)
M2.5	120～130	1 430～1 480	110～130	
M5	170～190	1 430～1 480	100～110	240～310
M7.5	210～230	1 430～1 480	70～100	
M10	260～280	1 430～1 480	40～70	

8)砌清水墙应随砌随划缝,划缝深度为8～10 mm,深浅一致,墙面清扫干净。混水墙应随砌随将舌头灰刮尽。

(2)墙体砌法。

1)门窗洞口、窗间墙砌法。

当墙砌到窗台标高以后,在开始往上砌筑窗间墙时,应对立好的窗框进行检查。察看窗框安立的位置是否正确,高低是否一致,立口是否在一条直线上,进出是否一致,立的是否垂直等。如果窗框是后塞口的,应按图样在墙上画出分口线,留置窗洞。

砌窗间墙时,应拉通线同时砌筑。门窗两边的墙宜对称砌筑,靠窗框两边的墙砌砖时要注意丁顺咬合,避免通缝。并应经常检查门窗口里角和外角是否垂直。

当门窗立上时,砌窗间墙不要把砖紧贴着门窗口,应留出3 mm的缝隙,免得门窗框受挤变形。在砌墙时,应将门窗框上下走头砌入卡紧,将门窗框固定。

当塞口时,按要求位置在两边墙上砌入防腐木砖,一般窗高不超过1.2 m的,每边放两块,各距上下边都为3~4皮砖。木砖应事先做防腐处理。木砖埋砌时,应小头在外,这样不易拉脱。如果采用钢窗,则按要求位置预先留好洞口,以备镶固铁件。

当窗间墙砌到门窗上口时,应超出窗框上皮10 mm左右,以防止安装过梁后下沉压框。

安装完过梁以后,拉通线砌长墙。墙砌到楼板支承处,为使墙体受力均匀,楼板下的一皮砖应为丁砖层,如楼板下的一皮砖赶上顺砖层时,应改砌成丁砖层。此时则出现两层丁砖,俗称重丁。一层楼砌完后,所有砖墙标高应在同一水平。

2)留槎。

外墙转角处应同时砌筑。内外墙交接处必须留斜槎,槎子长度不应小于墙体高度的2/3,槎子必须平直、通顺。分段位置应在变形缝或门窗口转角处,隔墙与墙或柱不同时砌筑时,可留阳槎加预埋拉结筋。沿墙高按设计要求每50 cm预埋 ϕ6 钢筋 2 根,其埋入长度从墙的留槎处算起,一般每边均不小于50 cm,末端应加90°弯钩。施工洞口也应按以上要求留水平拉结筋。隔墙顶应用立砖斜砌挤紧。

3)木砖预留孔洞和墙体拉结筋。

木砖预埋时应小头在外,大头在内,数量按洞口高度决定。洞口高在1.2 m以内,每边放2块;高1.2~2 m,每边放3块;高2~3 m,每边放4块。预埋木砖的部位一般在洞口上边或下边四皮砖,中间均匀分布。木砖要提前做好防腐处理。钢门窗安装的预留孔、硬架支模、暖卫管道,均应按设计要求预留,不得事后剔凿。

墙体拉结筋的位置、规格、数量、间距均应按设计要求留置,不应错放、漏放。

　　4)构造柱边做法。

　　凡设有构造柱的工程,在砌砖前,先根据设计图纸将构造柱位置进行弹线,并把构造柱插筋处理顺直。砌砖墙时,与构造柱连接处砌成马牙槎。每一马牙槎高度不宜超过 300 mm,凸出宽度为60 mm。沿墙高每 500 mm 设置 2 根 φ6 的水平拉结钢筋,拉结钢筋每边伸入砖墙内不宜小于 1 m,如图 2—20 所示。

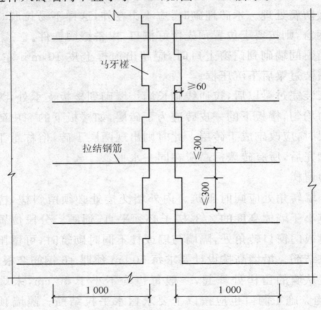

图 2—20　拉结钢筋布置及马牙槎(单位:mm)

　　砌筑砖墙时,马牙槎应先退后进,以保证构造柱脚处为大断面。砌筑过程中按规定间距放置水平拉结钢筋。当砖墙上门窗洞边到构造柱边(即墙马牙槎外齿边)的长度小于 1.0 m 时,拉结钢筋则伸至洞边止。

　　砌墙时,应在各层构造柱底部(圈梁面上)以及该层二次浇灌段的下端位置留出 2 皮砖洞眼,供清除模板内杂物用。清除完毕立即封闭洞眼。砖墙灰缝的砂浆必须密实饱满,水平灰缝砂浆饱满度不得低于 80%。

5)窗台。

当墙砌到接近窗洞口标高时,如果窗台是用顶砖挑出,则在窗洞口下皮开始砌窗台;如果窗台是用侧砖挑出,则在窗洞口下两皮开始砌窗台。砌之前按图样把窗洞口位置在砖墙面上划出分口线,砌砖时砖应砌过分口线 60~120 mm,挑出墙面 60 mm,出檐砖的立缝要打碰头灰。

窗台砌虎头砖时,先把窗台两边的两块虎头砖砌上,用一根小线挂在它的下皮砖外角上,线的两端固定,作为砌虎头砖的准线。挂线后把窗台的宽度量好,算出需要的砖数和灰缝的大小。虎头砖向外砌成斜坡,在窗口处的墙上砂浆应铺得厚一些,一般里面比外面高出 20~30 mm,以利泄水。操作方法是把灰打在砖中间,四边留 10 mm 左右,一块一块地砌。砖要充分润湿,灰浆要饱满。如为清水窗台时,砖要认真进行挑选。

如果几个窗口连在一起通长砌,其操作方法与上述单窗台砌法相同。

6)楼层砌砖。

一层楼砌至要求的标高后,安装预制钢筋混凝土楼板或现浇钢筋混凝土楼板,现浇钢筋混凝土楼板需达到一定强度方可在其上面施工。

为了保证各层墙身轴线重合,并与基础定位轴线一致,在砌二层砖墙前要将轴线、标高由一层引测到二层楼上。

基础和墙身的弹线由龙门板控制,但随着砌筑高度的增加和施工期限的延长,龙门板不能长期保存,即使保存也无法使用。因此,为满足二层墙身引测轴线、标高的需要,通常用经纬仪把龙门板上的轴线反到外墙面上,做出标记;用水准仪把龙门板上的±0.000反到里外墙角,画出水平线,如图 2—21 所示。

当引测二层以上各层的轴线时,既可以把墙面上的轴线标记用经纬仪投测到楼层上去,也可以用线锤挂下来的方法引测。外

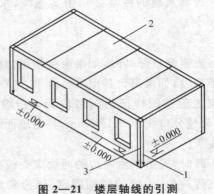

图 2—21 楼层轴线的引测

1—线锤；2—第二层楼板；3—轴线

墙轴线引到二层以后，再用钢尺量出各道内墙轴线，将墙身线弹到楼板上，使上下层墙重合，避免墙落空或尺寸偏移。各层楼的窗间墙、窗洞口一般也要从下层窗口用线锤吊上来，使各层楼的窗间墙、洞口上下对齐，都在同一垂直线上。

当引测二层以上各层的标高时，有两种方法，一是利用皮数杆传递，一层一层往上接；二是由底层墙上的水平标志线用钢尺或长杆往上量，定出各墙的标高点，然后立皮数杆。立皮数杆时，上下层的皮数杆一定要衔接吻合。要求外墙砌完后，看不出上下层的分界限，水平灰缝上下要均匀一致，内墙的第一皮砖与外墙的第一皮砖应在同一水平接槎交圈。如皮数不一致发生错层，应找平后再进行砌筑。楼层砌砖的其他步骤方法同底层砖墙。

7）山尖、封山。

当坡形屋顶建筑砌筑山墙时，在砌到檐口标高时要往上收砌山尖。一般在山墙的中心位置钉上一根皮数杆，在皮数杆上按山尖屋脊标高处钉一根钉子，往前后檐挂斜线，砌时按斜线坡度，用踏步槎向上砌筑，如图 2—22 所示。不用皮数杆砌山尖时，应用托线板和三角架随砌随校正，当砌筑高超过 4 m 时须增设临时支撑，砂浆强度等级提高一级。

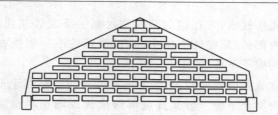

图 2—22　砌山尖

托线板简介

托线板(图 2—23)。又称靠尺板,常见规格为 1.2~1.5 m,
与线锤配合用于检查墙面的垂直、平整度。

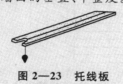

图 2—23　托线板

在砌到檩条底标高时,将檩条位置留出,待安放完檩条后,就
可进行封山。封山分为平封山和高封山。平封山砌砖是按正放好
的檩条上皮拉线,或按屋面钉好的屋面板找平,并按挂在山尖两侧
的斜线打砖槎子。砖要砌成楔形斜坡,然后用砂浆找平,斜槎找平
后,即可砌出檐砖。

高封山的砌法基本与平封山相同,高封山出屋面的高度按图
样要求砌好后,在脊檩端头上钉一小挂线杆,自高封山顶部标高往
前后檐挂线,线的坡度应和屋面坡度一致,山尖应在正中。砌斜坡
砖时应注意在檐口处与山墙两檐处的撞头交圈。高封山砌完后,
在墙顶上砌一层或两层压顶出檐砖,以备抹灰。

8)挑檐。

挑檐是在山墙前后檐口处,向外挑出的砖砌体。在砌挑檐前
应先检查墙身高度,前后两坡及左右两山是否在一个水平面上,计
算一下出檐后高度是否能使挂瓦时坡度顺直。砖挑檐的砌筑方法
有一皮一挑、二皮一挑和一皮间隔挑等,挑层最下一皮为丁砖,每
皮砖挑出宽度不大于 60 mm。砌砖时,在两端各砌一块丁砖,然后

在丁砖的底棱挂线,并在线的两端用尺量一下是否挑出一致。砌砖时先砌内侧砖,后砌外面挑出砖,以便压住下一层挑檐砖,以防使刚砌完的檐子下落,如图 2—24 所示。

砌时立缝要嵌满砂浆,水平缝的砂浆外边要略高于里边,以便沉陷后檐头不至下垂。砂浆强度等级应比砌墙用料提高一级,一般不低于 M5。

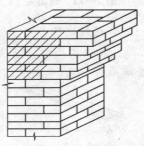

图 2—24　挑檐砌法

9. 变形缝的砌筑与处理

当砌筑变形缝两侧的砖墙时,要找好垂直,缝的大小应上下一致,不能中间接触或有支撑物。砌筑时要特别注意,不要把砂浆、碎砖、钢筋头等掉入变形缝内,以免影响建筑物的自由伸缩、沉降和晃动。

变形缝口部的处理必须按设计要求,不能随便更改,缝口的处理要满足此缝的功能上的要求。如伸缩缝一般用麻丝沥青填缝,而沉降缝则不允许填缝。墙面变形缝的处理形式如图 2—25 所示。屋面变形缝的处理,如图 2—26 所示。

10. 砖墙面勾缝

(1)砖墙面勾缝前,应做好下列准备工作。

1)清除墙面黏结的砂浆、泥浆和杂物等,并洒水湿润。

2)开凿瞎缝,并对缺棱掉角的部位用与墙面相同颜色的砂浆修补齐整。

3)将脚手眼内清理干净,洒水湿润,并用与原墙相同的砖补砌严密。

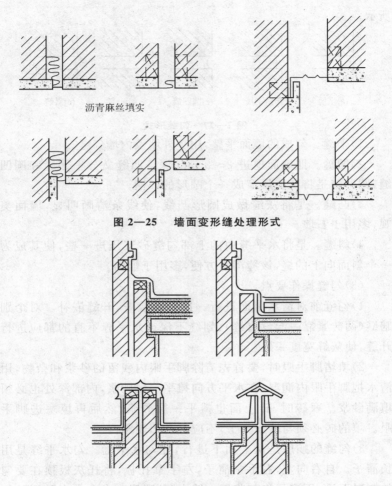

图 2—25　墙面变形缝处理形式

沥青麻丝填实

图 2—26　屋面变形缝处理

　　墙面勾缝应采用加浆勾缝,宜用细砂拌制的 1∶1.5(质量比)水泥砂浆。砖内墙也可采用原浆勾缝,但必须随砌随勾,并使灰缝光滑密实。

　　(2)勾缝形式。

　　勾缝形式有平缝、平凹缝、圆凹缝、凸缝、斜缝五种,如图 2—27

所示。

(a)平缝   (b)平凹缝   (c)圆凹缝   (d)凸缝   (e)斜缝

图 2—27　勾缝形式

1)平缝。勾成的墙面平整,用于外墙及内墙勾缝。

2)凹缝。照墙面退进 2~3 mm 深。凹缝又分平凹缝和圆凹缝,圆凹缝是将灰缝压溜成一个圆形的凹槽。

3)凸缝。是将灰缝做成圆形凸线,使线条清晰明显,墙面美观,多用于石墙。

4)斜缝。是将水平缝中的上部勾缝砂浆压进一些,使其成为一个斜面向上的缝,该缝泻水方便,多用于烟囱。

(3)勾缝操作要点。

1)勾缝前对清水墙面进行一次全面检查,开缝嵌补。对个别瞎缝(两砖紧靠一起没有缝)、划缝不深或水平缝不直的都应进行开缝,使灰缝宽度一致。

2)填堵脚手眼时,要首先清除脚手眼内残留的砂浆和杂物,用清水把脚手眼内润湿,在水平方向摊平一层砂浆,内部深处也必须填满砂浆。塞砖时,砖上面也摊平一层砂浆,然后再填塞进脚手眼。填的砖必须与墙面齐平,不应有凸凹现象。

3)勾缝的顺序是从上而下进行,先勾水平缝。勾水平缝是用长溜子。自右向左,右手拿溜子,左手拿托板,将托灰板顶在要勾的灰口下沿,用溜子将灰浆压入缝内(预喂缝),自右向左随压随勾随移动托灰板。勾完一段后,溜子自左向右,在砖缝内将灰浆压实、压平、压光,使缝深浅一致。勾立缝用短溜子,自上而下在灰板上将灰刮起(俗称叼灰),勾入竖缝,塞压密实平整。勾好的水平缝要深浅一致,搭接平整,阳角要方正,不得有凹和波浪现象,如图2—28所示。

图 2—28　墙面勾缝

溜子简介

　　溜子又称勾缝刀（图 2—29）。用 φ8 钢筋打扁安木把或用
0.5～1 mm 厚钢板制成,用于清水墙毛石墙勾缝。

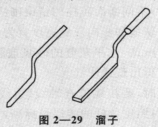

图 2—29　溜子

　　门窗框边的缝、门窗碹底、虎头砖底和出檐底都要勾压严实。
勾完后,要立即清扫墙面,勿使砂浆沾污墙面。

　　【技能要点 3】砖柱的砌筑

　　1.砖柱的构造形式

　　砖柱主要断面形式有方形、矩形、多角形、圆形等。方柱最小
断面尺寸为 365 mm×365 mm;矩形柱为 240 mm×365 mm;多角

形、圆柱形最小内直径为 365 mm。

2.砖柱的砌筑方法

(1)组砌方法应正确,一般采用满丁满条。

(2)里外咬槎,上下层错缝,采用"三一"砌砖法(即一铲灰,一块砖,一挤揉),严禁用水冲砂浆灌缝的方法。

3.砖柱砌筑要点

(1)砖柱砌筑前,基层表面应清扫干净,洒水湿润。基础面高低不平时,要进行找平,小于 3 cm 的要用 1∶3 水泥砂浆;大于 3 cm的要用细石混凝土找平,使各柱第一皮砖在同一标高上。

(2)砌砖柱应四面挂线,当多根柱子在同一轴线上时,要拉通线检查纵横柱网中心线,同时应在柱的近旁竖立皮数杆。

(3)柱砖应选择棱角整齐,无弯曲、裂纹,颜色均匀,规格基本一致的砖。对于圆柱或多角柱要按照排砌方案加工弧形砖或切角砖。加工砖面须磨平,加工后的砖应编号堆放,砌筑时对号入座。

(4)排砖摆底,根据排砌方案进行干摆砖试排。

(5)砌砖宜采用"三一"砌法。柱面上下皮竖缝应相互错开1/2砖长以上。柱心无通天缝。严禁采用先砌四周后填心的砌法。如图 2—30 所示是几种不同断面砖柱的错误砌法。

(6)砖柱的水平灰缝和竖向灰缝宽度宜为 10 mm,且不应小于 8 mm,也不大于 12 mm。水平灰缝的砂浆饱满度不得小于 80%,竖缝也要求饱满,不得出现透明缝。

(7)柱砌至上部时,要拉线检查轴线、边线、垂直度,保证柱位置正确。同时还要对照皮数杆的砖层及标高,如有偏差时,应在水平灰缝中逐渐调整,使砖的层数与皮数杆一致。砌楼层砖柱时,要检查上层弹的墨线位置是否与下层柱子有偏差,以防止上层柱落空砌筑。

(8)2 m 高范围内清水柱的垂直偏差不大于 5 mm,混水柱不大于 8 mm,轴线位移不大于 10 mm。每天砌筑高度不宜超过1.8 m。

(9)单独的砖柱砌筑,可立固定皮数杆,也可以经常用流动皮

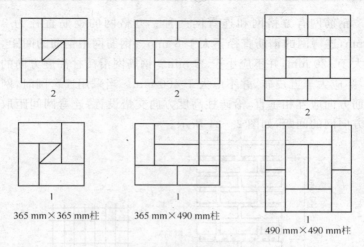

2　　　　　2　　　　　2

1　　　　　1　　　　　1

365 mm×365 mm柱　　　365 mm×490 mm柱　　490 mm×490 mm柱

图 2—30　砖柱错误砌法

数杆检查高低情况。当几个砖柱同列在一条直线上时,可先砌两头砖柱,再在其间逐皮拉通线砌筑中间部分砖柱,这样易控制皮数正确、进出及高低一致。

(10)砖柱与隔墙相交,不能在柱内留阴槎,只能留阳槎,并加联结钢筋拉结。如在砖柱水平缝内加钢筋网片,在柱子一侧要露出 1～2 mm 以备检查,看是否遗漏,填置是否正确。砌楼层砖柱时,要检查上层弹的墨线位置是否和下层柱对准,防止上下层柱错位,落空砌筑。

(11)砖柱四面都有棱角,在砌筑时一定要勤检查,尤其是下面几皮砖要吊直,并要随时注意灰缝平整,防止发生砖柱扭曲或砖皮一头高、一头低等情况。

(12)砖柱表面的砖应边角整齐、色泽均匀。

(13)砖柱的水平灰缝厚度和竖向灰缝宽度宜为 10 mm 左右。

(14)砖柱上不得留设脚手眼。

4.网状配筋砖柱砌筑

网状配筋砖柱是指水平灰缝中配有钢筋网的砖柱。网状配筋砖柱所用的砖,不应低于 MU10;所用的砂浆,不应低于 M5。

钢筋网有方格网和连弯网两种。方格网的钢筋直径为 3～
4 mm,连弯网的钢筋直径不大于 8 mm。钢筋网中钢筋的间距,不
应大于 120 mm,并不应小于 30 mm。钢筋网沿砖柱高度方向的间
距,不应大于五皮砖,并不应大于 400 mm。当采用连弯网时,网的
钢筋方向应互相垂直,沿砖柱高度方向交错设置,连弯网间距取同
一方向网的间距,如图 2—31 所示。

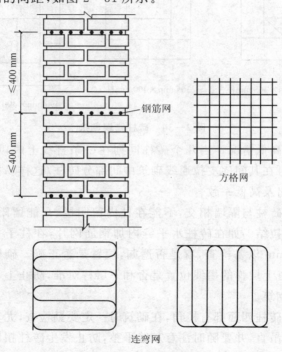

图 2—31　网状配筋砖柱

网状配筋砖柱砌筑时,按上述砖柱砌筑进行,在铺设有钢筋网
的水平灰缝砂浆时,应分两次进行。先铺厚度一半的砂浆,放上钢
筋网,再铺厚度一半的砂浆,使钢筋网置于水平灰缝砂浆层的中
间,并使钢筋网上下各有 2 mm 的砂浆保护层。放有钢筋网的水
平灰缝厚度为 10～12 mm,其他灰缝厚度控制在 10 mm 左右。

5.质量标准

(1)一般规定。

1)冻胀环境和条件的地区,地面以下或防潮层以下的砌体不宜采用多孔砖。

2)砌筑时,砖应提前1~2 d浇水湿润。烧结普通砖、多孔砖含水率宜为10%~15%,灰砂砖、粉煤灰砖含水率宜为5%~8%。

烧结普通砖的种类和规格

1.分类

按主要原料烧结普通砖可分为黏土砖(N)、页岩转(Y)、煤矸石砖(M)和粉煤灰砖(F)。

2.质量等级

(1)根据抗压强度分为 MU30、MU25、MU20、MU15、MU10 五个强度等级。

(2)强度和抗风化性能合格的砖,根据尺寸偏差、外观质量、泛霜和石灰爆裂分为优等品(A)、一等品(B)、合格品(C)三个质量等级。

优等品适用于清水墙和墙体装饰,一等品、合格品可用于混水墙。中等泛霜的砖不能用于潮湿部位。

3.规格

砖的外形为直角六面体,其公称尺寸为长240 mm、宽115 mm、高53 mm。

常用配砖规格为175 mm×115 mm×53 mm,装饰砖的主要规格同烧结普通砖,配砖、装饰砖的其他规格由供需双方协商确定。

4.产品标记

砖的产品标记按产品名称、规格、品种、强度等级、质量等级和标准编号顺序编写。

标记示例:规格240 mm×115 mm×53 mm,强度等级MU15,一等品的黏土砖,其标记为烧结普通砖 NMU15 BGB5101。

（2）主控项目。

1）砖和砂浆的强度等级必须符合设计要求。

抽检数量：每一生产厂家的砖到现场后，按烧结砖 15 万块为一验收批，抽检数量为一组。砂浆试块的抽检数量，同一类型、强度等级的试块应不少于 3 组。

检验方法：查砖和砂浆试块试验报告。

2）砌体水平灰缝的砂浆饱满度不得小于 80％。

抽查数量：每检验批抽查不应少于 5 处。

检验方法：用百格网检查砖底面与砂浆的黏结痕迹面积。每处检测 3 块砖，取其平均值。

3）砖柱砌体的位置及垂直度允许偏差同砖砌体工程的有关规定。

（3）一般项目。

1）砖柱不得采用包心砌法。

检验方法：观察检查。

2）砖柱的灰缝应横平竖直，厚薄均匀。水平灰缝厚度宜为 10 mm，但不应小于 8 mm，也不应大于 12 mm。

检验方法：用尺量 10 皮砖砌体高度折算。

【技能要点 4】砖拱的砌筑

1. 砖砌平碹

砖平碹多用烧结普通砖与水泥混合砂浆砌成。砖的强度等级应不低于 MU10，砂浆的强度等级应不低于 M5。它的厚度一般等于墙厚，高度为一砖或一砖半，外形呈楔形，上大下小。

砌筑时，先砌好两边拱脚、当墙砌到门窗上口时，开始在洞口两边墙上留出 20～30 mm 错台，作为拱脚支点（俗称碹肩），而砌碹的两膀墙为拱座（俗称碹膀子）。除立碹外，其他碹膀子要砍成坡面，一砖碹错台上口宽 40～50 mm，一砖半上口宽 60～70 mm，如图 2—32 所示。

再在门窗洞口上部支设模板，模板中间应有 1％的起拱。在模板画出砖及灰缝位置，务必使砖数为单数。然后从拱脚处开始

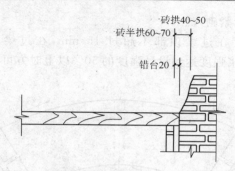

图2—32　拱座砌筑（单位：mm）

同时向中间砌砖，正中一块砖要紧紧砌入。灰缝宽度，在过梁顶部不超过 15 mm，在过梁底部不小于 5 mm。待砂浆强度达到设计强度的 50％以上时方可拆除模板，如图 2—33 所示。

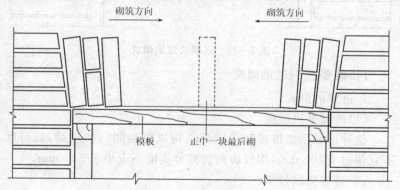

图2—33　平拱式过梁砌筑

2.拱碹

拱碹又称弧拱、弧碹。多采用烧结普通砖与水泥混合砂浆砌成。砖的强度等级应不低于 MU10，砂浆的强度等级应不低于M5。它的厚度与墙厚相等，高度有一砖、一砖半等，外形呈圆弧形。

砌筑时，先砌好两边拱脚，拱脚斜度依圆弧曲率而定。再在洞口上部支设模板，模板中间有 1％的起拱。在模板画出砖及灰缝位置，务必使砖数为单数，然后从拱脚处开始同时向中间砌砖，正中一块砖应紧紧砌入。

灰缝宽度在过梁顶部不超过 15 mm,在过梁底部不小于 5 mm。待砂浆强度达到设计强度的 50% 以上时方可拆除模板,如图 2—34 所示。

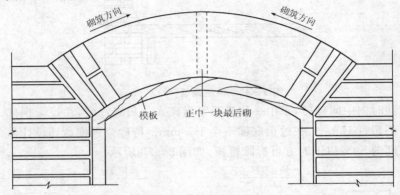

图 2—34　弧拱式过梁砌筑

【技能要点 5】过梁砌筑

1. 过梁的形式

(1)砖砌平拱过梁。

这种过梁是指将砖竖立或侧立构成跨越洞口的过梁,其跨度不宜超过 1 200 mm,用竖砖砌筑部分高度不应小于 240 mm。

(2)砖砌弧拱过梁。

这种过梁是指将砖竖立或侧立成弧形跨越洞口的过梁,此种形式过梁由于施工复杂,目前很少采用。

砖砌过梁整体性差,抗变形能力差,因此,在受有较大振动荷载或可能产生不均匀沉降的房屋,砖砌过梁跨度不宜过大。当门窗洞口宽度较大时,应采用钢筋混凝土过梁。

(3)钢筋砖过梁。

这种过梁是指在洞口顶面砖砌体下的水平灰缝内配置纵向受力钢筋而形成的过梁,其净跨不宜超过 2.0 m。底面砂浆层处的钢筋直径不应小于 5 mm,间距不宜大于 120 mm,根数不应少于 2

根。末端带弯钩的钢筋伸入支座砌体内的长度不宜小于 240 mm，砂浆层厚度不宜小于 30 mm。

（4）钢筋混凝土过梁。

钢筋混凝土过梁在端部保证支承长度不小于 240 mm 的前提条件下，一般应按钢筋混凝土受弯构件计算。

2. 过梁的构造要求

平砌式过梁又称钢筋砖过梁，它是由烧结普通砖与水泥混合砂浆砌成。砖的强度等级应不低于 MU10，砂浆强度等级应不低于 M5，过梁底部配纵向钢筋，每半砖厚墙配 1 根（不少于 3 根），钢筋直径不小于 6 mm。

过梁应符合下列构造要求。

（1）钢筋砖过梁的跨度不应超过 1.5 m。

（2）砖砌平拱的跨度不应超过 1.2 m。

（3）跨度超过上述限值的门窗洞口以及有较大振动荷载或可能产生不均匀沉降的房屋的门窗洞口，应采用钢筋混凝土过梁。

（4）砖砌平拱应符合下列要求（图 2—35）：

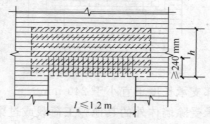

图 2—35　砖砌平拱构造

1）截面计算高度范围内的砖的强度等级不应低于 MU10；砂浆强度等级不宜低于 M5。

2）过梁底面砂浆层的厚度不宜小于 30 mm，一般采用 1∶3 水泥砂浆。

3）过梁底面砂浆层内的钢筋直径不应小于 5 mm，间距不宜大于 120 mm；钢筋伸入支座砌体内的长度不宜小于 240 mm，光面圆钢筋应加弯钩。

(5)钢筋砖过梁应符合下列要求(图 2—36):

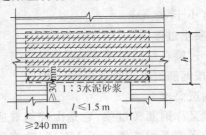

1:3水泥砂浆

$l_n \leqslant 1.5$ m

≥240 mm

图 2—36　钢筋砖过梁构造

1)截面计算高度范围内的砖的强度等级不应低于 MU10;砂浆强度等级不宜低于 M5。

2)用竖砖砌筑部分的高度不应小于 240 mm。

(6)钢筋混凝土过梁应符合下列要求(图 2—37):

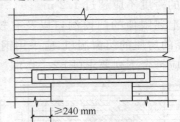

≥240 mm

图 2—37　钢筋混凝土过梁构造

1)过梁端部支承长度不宜小于 240 mm。

2)当过梁承受除墙体外的其他施工荷载或过梁上墙体在冬季采用冻结法施工时,过梁下面应加设临时支撑。

3.过梁施工

砌筑时,先在门窗洞口上部支设模板,模板中间应有 1% 起拱。接着在模板面上铺设厚 30 mm 的水泥砂浆,在砂浆层上放置钢筋。钢筋两端伸入墙内不少于 240 mm,其弯钩向上,再按砖墙组砌形式继续砌砖,要求钢筋上面的一皮砖应丁砌,钢筋弯钩应置入竖缝内。钢筋以上七皮砖作为过梁作用范围,此范围内的砖和砂浆强度等级应达到上述要求。待过梁作用范围内的砂浆强度达到设计强度50%以上方可拆除模板,如图2—38所示。

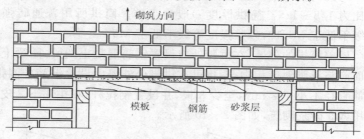

图 2—38 平砌式过梁砌筑

砖墙砌到楼板底时应砌成丁砖层,如果楼板是现浇的,并直接支承在砖墙上,则应砌低一皮砖,使楼板的支承处混凝土加厚,支承点得到加强。填充墙砌到框架梁底时,墙与梁底的缝隙要用铁楔子或木楔子打紧,然后用1:2水泥砂浆嵌填密实。如果是混水墙,可以用与平面交角在45°~60°的斜砌砖顶紧。假如填充墙是外墙,应等砌体沉降结束,砂浆达到强度后再用楔子楔紧,然后用1:2水泥砂浆嵌填密实,因为这一部分是薄弱点,最容易造成外墙渗漏,施工时要特别注意。梁板底的处理如图2—39所示。

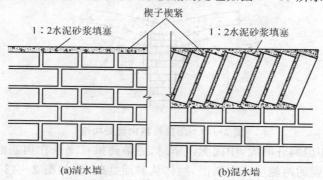

图 2—39 填充墙砌到框架梁底时的处理

【技能要点6】砖筒拱砌筑

1. 砖筒拱构造

砖筒拱可作为楼盖或屋盖。楼盖筒拱适用于跨度为3~

3.3 m,高跨比为 1/8 左右。屋盖筒拱适用于跨度为 3～3.6 m,高跨比为 1/8～1/5。筒拱厚度一般为半砖。筒拱所用普通砖强度等级不低于 MU10,砂浆强度等级不低于 M5。

屋盖筒拱的外墙,在拱脚处应设置钢筋混凝土圈梁,圈梁上的斜面应与拱脚斜度相吻合;也可在拱脚处外墙中设置钢筋砖圈带,钢筋直径不小于 8 mm,至少 3 根,并设置钢拉杆,在拱座下 8 皮砖应用 M5 砂浆砌筑,如图 2—40 所示。

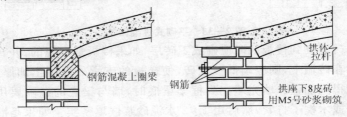

图 2—40　屋盖筒拱外墙构造

屋盖筒拱内墙,在拱脚处应使用墙砌丁砖层挑出,至少 4 皮砖,砂浆强度等级不低于 M5,两边拱体从挑层上台阶处砌起,如图 2—41 所示。

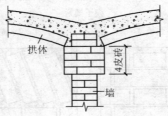

图 2—41　屋盖筒拱内墙处构造

如房间开间大,中间无内墙时,屋盖筒拱可支承在钢筋混凝土梁上,梁的两侧应留有斜面,拱体从斜面处砌起,如图 2—42 所示。楼盖筒拱在外墙、内墙及梁上的支承方法与屋盖筒拱基本相同,多采用在墙内设置钢筋混凝土圈梁以支承拱体,如图 2—43 所示。

2.筒拱模板支设

筒拱砌筑前,应根据筒拱的各部分尺寸制作模板。模板可做

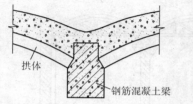 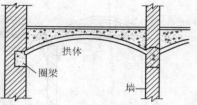

图 2—42　屋盖筒拱支于梁上　图 2—43　楼盖筒拱支承构造

成 600～1 000 mm 长,模板宽度比开间净空少 100 mm,模板起拱高度超高为拱跨的 1%,如图 2—44 所示。

筒拱模板有两种支设方法,一种是沿纵墙各立一排立柱,立柱上钉木梁,立柱用斜撑稳定,拱模支设在木梁上,拱模下垫木楔,如图 2—45 所示;另一种是在拱脚下 4～5 皮砖的墙上,每隔 0.8～1.0 m 穿透墙体放一横担,横担下加斜撑,横担上放置木梁,拱模支设在木梁上,拱模下垫木楔,如图 2—46 所示。

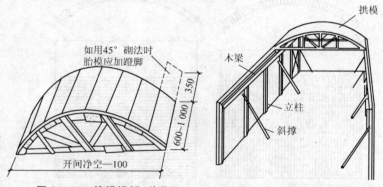

图 2—44　筒拱模板(单位:mm)　图 2—45　立柱支设拱模

筒拱模板安装尺寸的允许偏差不得超过下列数值:

(1)在任何点上的竖向偏差,不应超过该点拱高的 1/200。

(2)拱顶位置沿跨度方向的水平偏差,不应超过矢高的 1/200。

3.砖筒拱砌筑方法

半砖厚的筒拱有顺砖、丁砖和八字槎砌法。

(1)顺砖砌法。砖块沿筒拱的纵向排列,纵向灰缝通长成直

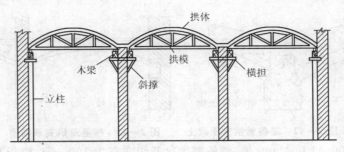

图 2—46   横担支设拱模

线,横向灰缝相互错开 1/2 砖长,如图 2—47 所示。这种砌法施工方便,砌筑简单。

　　(2)丁砖砌法。砖块沿筒拱跨度方向排列,纵向灰缝相互错开 1/2 砖长,横向灰缝通长成弧形,如图 2—48 所示。这种砌法在临时间断处不必留槎,只要砌完一圈即可,以后接砌。

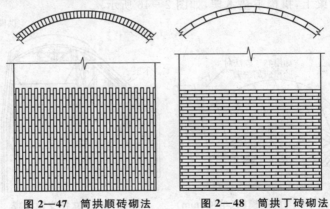

图 2—47   筒拱顺砖砌法　　　　　图 2—48   筒拱丁砖砌法

　　(3)八字槎砌法。由一端向另一端退着砌,砌时使两边长些,中间短些,形成八字槎,砌到另一端时填满八字槎缺口,在中间合龙,如图 2—49 所示。这种砌法咬槎严密,接头平整,整体性好,但需要较多的拱模。

　　4.砖筒拱施工要点

　　(1)拱脚上面 4 皮砖和拱脚下面 6~7 皮砖的墙体部分,砂浆强度达到设计强度的 50% 以上时,方可砌筑筒拱。

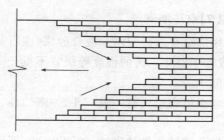

图 2—49 八字槎砌法

(2)砌筑筒拱应自两侧拱脚同时向拱冠砌筑,且中间 1 块砖必须塞紧。

(3)多跨连续筒拱的相邻各跨,如不能同时施工,应采取抵消横向推力的措施。

(4)拱体灰缝应全部用砂浆填满,拱底灰缝宽度宜为 5～8 mm。

(5)拱座斜面应与筒拱轴线垂直,筒拱的纵向缝应与拱的横断面垂直。

(6)筒拱的纵向两端,一般不应砌入墙内,其两端与墙面接触的缝隙,应用砂浆填塞。

(7)穿过筒拱的洞口应在砌筑时留出,洞口的加固环应与周围砌体紧密结合,已砌完的拱体不得任意凿洞。

(8)筒拱砌完后应进行养护,养护期内应防止冲刷、冲击和振动。

(9)筒拱的模板,在保证横向推力不产生有害影响的条件下,方可拆除。拆移时,应先使模板均匀下降 5～20 cm,并对拱体进行检查。有拉杆的筒拱,应在拆移模板前,将拉杆按设计要求拉紧。同跨内各根拉杆的拉力应均匀。

(10)在整个施工过程中,拱体应均匀受荷。当筒拱的砂浆强度达到设计强度的 70%以上时,方可在已拆模的筒拱上铺设楼面或屋面材料。

【技能要点 7】空斗墙砌筑

空斗墙是用烧结普通砖与水泥混合砂浆(或石灰砂浆)砌筑而成,在墙中形成若干空斗。砖的强度等级宜不低于 MU10,砂浆的强度等级宜不低于 M2.5。

空斗墙的立面组砌形式有一眠一斗、一眠二斗、一眠三斗及无眠空斗四种。

一眠三斗空斗墙转角处的砌法,如图 2—50 所示。

一眠三斗空斗墙丁字交接处的砌法,如图 2—51 所示。

在空斗墙与空斗墙丁字交接处,应分层相互砌通,并在交接处砌成实心墙,有时需加半砖填心。

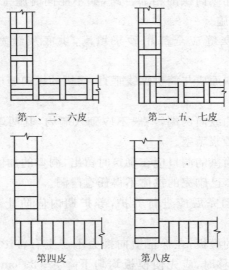

第一、三、六皮　　　　　　　第二、五、七皮

第四皮　　　　　　　　第八皮

图 2—50　空斗墙转角处砌法

1. 弹线

(1)砌筑前,应在砌筑位置弹出墙边线及门窗洞口边线。

(2)防止基础墙与上部墙错台。基础砖撂底要正确,收退大放角两边要相等,退到墙身之前要检查轴线和边线是否正确,如偏差较小可在基础部位纠正,不得在防潮层以上退台或出沿。

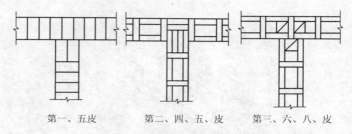

第一、五皮　　　　第二、四、五、皮　　　第三、六、八、皮

图 2—51　空斗墙丁字交接处砌法

2. 排砖

按照图纸确定的几眠几斗先进行排砖,先从转角或交接处开始向一侧排砖,内外墙应同时排砖,纵横方向交错搭砌。空斗墙砌筑前必须进行试摆,不够整砖处,可加砌斗砖,不得砍凿斗砖。

排砖时必须把立缝排匀,砌完一步架高度,每隔 2 m 间距在丁砖立楞处用托线板吊直弹线,二步架往上继续吊直弹粉线,由底往上所有七分头的长度应保持一致,上层分窗口位置时必须同下窗口保持垂直。

3. 大角砌筑

空斗墙的外墙大角,须用普通砖砌成锯齿状与斗砖咬接。盘砌大角不宜过高,以不超过 3 个斗砖为宜,新盘的大角应及时进行吊、靠。如有偏差,要及时修整。盘角时要仔细对照皮数杆的砖层和标高,控制好灰缝大小,使水平灰缝均匀一致。大角盘好后再复查一次,平整和垂直完全符合要求后,再挂线砌墙。

4. 挂线

砌筑必须双面挂线,如果长墙几个人均使用一根通线,中间应设几个支线点,小线要拉紧,每层砖都要穿线看平,使水平缝均匀一致,平直通顺。可照顾砖墙两面平整,为下道工序控制抹灰厚度奠定基础。

5. 砌砖

(1)砌空斗墙宜采用满刀披灰法。

(2)在有眠空斗墙中,眠砖层与丁砖接触处,除两端外,其余部分不应填塞砂浆,如图 2—52 所示。空斗墙的空斗内不填砂浆,墙面不应有竖向通缝。

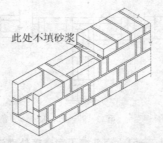

此处不填砂浆

图 2—52　有眠空斗墙不填砂浆处

（3）砌砖时砖要放平。里手高，墙面就要张；里手低，墙面就要背。

（4）砌砖一定要跟线，"上跟线，下跟棱，左右相邻要对平"。

（5）水平灰缝厚度和竖向灰缝宽度一般为 10 mm，但不应小于 7 mm，也不应大于 13 mm。在操作过程中，要认真进行自检，如出现有偏差，应随时纠正，严禁事后砸墙。

（6）砌筑砂浆应随搅拌随使用，一般水泥砂浆必须在 3 h 内用完，水泥混合砂浆必须在 4 h 内用完，不得使用过夜砂浆。

（7）砌清水墙应随砌随划缝，划缝深度为 8～10 mm，深浅一致，墙面清扫干净。混水墙应随砌随将舌头灰刮尽。

（8）空斗墙应同时砌起，不得留槎。每天砌筑高度不应超过 1.8 m。

6. 预留孔洞

（1）空斗墙中留置的洞口，必须在砌筑时留出，严禁砌完后再行砍凿。空斗墙上不得留脚手眼。

（2）木砖预埋时应小头在外，大头在内，数量按洞口高度决定。洞口高在 1.2 m 以内，每边放 2 块；高 1.2～2 m，每边放 3 块；高 2～3 m，每边放 4 块。预埋木砖的部位一般在洞口上边或下边四皮砖，中间均匀分布。木砖要提前做好防腐处理。

（3）钢门窗安装的预留孔、硬架支模、暖卫管道，均应按设计要求预留，不得事后剔凿。

7. 安装过梁、梁垫

门窗过梁支承处应用实心砖砌筑；安装过梁、梁垫时，其标高、位置及型号必须准确，坐浆饱满。如坐浆厚度超过 2 cm 时，要用细石混凝土铺垫，过梁安装时，两端支承点的长度应一致。

8. 构造柱做法

凡设有构造柱的工程,在砌砖前,先根据设计图纸将构造柱位置进行弹线,并把构造柱插筋处理顺直。砌砖墙时,与构造柱连接处砌成马牙槎,马牙槎处砌实心砖。每一个马牙槎沿高度方向的尺寸不宜超过 30 cm。马牙槎应先退后进。拉结筋按设计要求放置,设计无要求时,一般沿墙高 50 cm 设置 2 根 φ6 水平拉结筋,每边深入墙内不应小于 1 m。

【技能要点 8】空心填充墙的砌筑

在有特殊防寒要求的建筑物,为了节省砖,减少墙体的实际厚度,并能达到砖墙的隔热要求,往往在墙内填充保温性能好的材料,这就是填充墙。

空心填充墙,是用普通砖砌成内外两条平行壁体,在中间留有空隙,并填入保温性能好的材料。为了保证两平行壁体互相连接,增强墙体的刚度和稳定性,以及在填入保温材料后避免墙体向外胀出,在墙的转角处要加砌斜撑或砌附外墙柱,如图 2—53、图2—54所示,并在墙内增设水平隔层与垂直隔层。

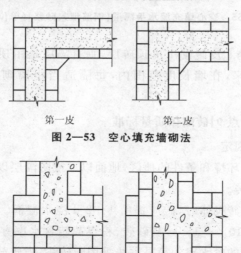

第一皮　　　　　　　　　第二皮

图 2—53　空心填充墙砌法

图 2—54　空心填充墙外墙扶柱

水平隔层,除起联结墙体的作用外,还起到填充墙的减荷作用,防止填充墙下沉,以免墙体底部侧压力增加而倾斜,并使上下填充墙能疏密一致。

水平隔层形式有以下两种:

(1)每隔 4～6 皮砖在保温填充墙上抹一层 8～10 mm 的水泥砂浆,在其上面放置 φ4～φ6 的钢筋,其间距为 40～60 mm,然后再抹一层水泥砂浆,把钢筋埋入砂浆内,如图 2—55 所示。

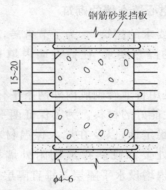

图 2—55 空心填充墙水平隔层(钢筋埋入砂浆)(单位:mm)

(2)每隔 5 皮砖砌 1 皮顶砖层,垂直隔层是用顶砖把两平行壁体联系起来,在墙长度范围内,每隔适当距离砌筑一道垂直隔层。

【技能要点 9】砖砌体质量标准

1.一般规定

(1)冻胀环境和条件的地区,地面以下或防潮层以下的砌体不宜采用多孔砖。

(2)砌筑砖砌体时,砖应提前 1～2 d 浇水湿润。烧结普通砖含水率宜为 10%～15%,灰砂砖、粉煤灰砖含水率宜为 5%～8%(现场检验砖的含水率的简易方法采用断砖法,当砖截面四周融水深度为 15～20 mm 时,视为符合要求的适宜含水率)。

粉煤灰砖的种类和规格

1.规格

砖的外形为直角六面体,其公称尺寸为:长 240 mm、宽 115 mm,高 57 mm。

2.等级

(1)根据抗压强度和抗折强度将强度级分为 MU30、MU25、MU20、MU15、MU10 五个级别。

(2)根据尺寸偏差、外观质量、强度等级和干燥收缩分为:优等品(A);一等品(B);合格品(C)。

3.产品标记

粉煤灰砖按产品名称(FB)、颜色、强度等级、质量等级、标准编号顺序编号。

强度等级为 20 级的优等品彩色粉煤灰砖标记为:$FBC_020AJC239—2001$。

(3)采用铺浆法砌筑时,铺浆长度不得超过 750 mm;施工期间气温超过 30 ℃时,铺浆长度不得超过 500 mm。

(4)砖基础中的洞口、管道、沟槽和预埋件等,宽度超过 300 mm 的,应砌筑平拱或设置过梁。

(5)施工时施砌的蒸压(养)砖的产品龄期不应小于 28 d。

(6)竖向灰缝不应出现透明缝、瞎缝和假缝。

(7)临时间断处补砌时,必须将接槎处表面清理干净,浇水湿润,并填实砂浆,保持灰缝平直。

2.主控项目

(1)砖和砂浆的强度等级必须符合设计要求。

抽检数量:每一生产厂家的砖到现场后,按烧结砖 15 万块、多孔砖 5 万块、灰砂砖及粉煤灰砖 10 万块各为一验收批,抽检数量为 1 组;砂浆试块的抽检数量为每一检验批且不超过 250 m³ 砌体的各种类型及强度等级的砌筑砂浆,每台搅拌机应至少抽检一次。

检验方法:查砖和砂浆试块试验报告。

(2)砌体水平灰缝的砂浆饱满度不得小于 80%。

抽检数量:每检验批抽查不应少于 5 处。

检验方法:用百格网检查砖底面与砂浆的黏结痕迹面积,每处检测 3 块砖,取其平均值。

(3)砖砌体的转角处和交接处应同时砌筑,严禁无可靠措施的内外墙分砌施工。对不能同时砌筑而又必须留置的临时间断处应砌成斜槎,斜槎水平投影长度不应小于高度的 2/3。

抽检数量:每检验批抽检 20%接槎,且不少于 5 处。

检验方法:观察检查。

(4)砖砌体的位置及垂直度允许偏差应符合表 2—5 的规定。

表 2—5　砖砌体的位置及垂直度允许偏差

项次	项　　目		允许偏差(mm)	检验方法
1	轴线位置偏移		10	用经纬仪和尺检查或用其他测量仪器检查
2	垂直度	每层	5	用 2 m 托线板检查
		全高 ≤10 m	10	用经纬仪、吊线和尺检查,或用其他测量仪器检查
		>10 m	20	

3. 一般项目

(1)砖砌体组砌方法应正确,上、下错缝,内外搭砌。

抽检数量:外墙每 20 m 抽查一处,每处 3~5 m,且不应少于 3 处;内墙按有代表性的自然间抽查 10%,且不应少于 3 间。

检验方法:观察检查。

(2)砖砌体的灰缝应横平竖直,厚薄均匀。水平灰缝厚度宜为 10 mm,且不应小于 8 mm,也不应大于 12 mm。

抽检数量:每步脚手架施工的砌体,每 20 m 抽查一处。

检验方法:用尺量 10 皮砖砌体高度折算。

(3)砖砌体的一般尺寸允许偏差应符合表 2—6 的规定。

表 2—6　砖砌体一般尺寸允许偏差

项次	项　目		允许偏差（mm）	检验方法	抽检数量
1	基础顶面和楼面标高		±15	用水平仪和尺检查	不应少于 5 处
2	表面平整度	清水墙、柱	5	用 2 m 靠尺和楔形塞尺检查	有代表性自然间 10%，但不应少于 3 间，每间不应少于 2 处
		混水墙、柱	8		
4	外墙上下窗口偏移		30	底层窗口为准，用经纬仪或吊线检查	检验批的 10%，且不应少于 5 处
5	水平灰缝平直度	清水墙	7	拉 10 m 线和尺检查	有代表性自然间 10%，但不应少于 3 间，每间不应少于 2 处
		混水墙	10		
6	清水墙游丁走缝		20	吊线和尺检查，以每层第一皮砖为准	有代表性自然间 10%，但不应少于 3 间，每间不应少于 2 处

第二节　烧结多孔砖墙的砌筑

【技能要点 1】砌筑要点

（1）砖应提前 1～2 d 浇水湿润，砖的含水率宜为 10%～15%。

（2）根据建筑剖面图及多孔砖规格制作皮数杆，皮数杆立于墙的转角处或交接处，其间距不超过 15 m。在皮数杆之间拉准线，依线砌筑，清理基础顶面，并在基础面上弹出墙体中心线及边线（如在楼地面上砌起，则在楼地面上弹线），对所砌筑的多孔砖墙体进行多孔砖试摆。

（3）灰缝应横平竖直，水平灰缝和竖向灰缝宽度应控制在 10 mm 左右，但不应小于 8 mm，也不应大于 12 mm。

（4）水平灰缝的砂浆饱满度不得小于80%,竖缝要刮浆适宜,并加浆灌缝,不得出现透明缝,严禁用水冲浆灌缝。

（5）多孔砖宜采用"三一砌砖法"或"铺灰挤砌法"进行砌筑。竖缝要刮浆并加浆填灌,不得出现透明缝,严禁用水冲浆灌缝。多孔砖的孔洞应垂直于受压面（即呈垂直方向）,多孔砖的手抓孔应平行于墙体纵长方向。

（6）M型多孔砖墙的转角处及交接处应加砌半砖块,如图5—56(a)所示。

（7）P型多孔砖墙的转角处及交接处应加砌七分头砖块,如图2—56(b)所示。

（8）多孔砖墙的转角处和交接处应同时砌筑,不能同时砌筑又必须留置的临时间断处应砌成斜槎。对于代号M多孔砖,斜槎长度应不小于斜槎高度;对于代号P多孔砖,斜槎长度应不小于斜槎高度的2/3。

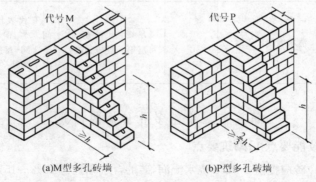

(a)M型多孔砖墙   (b)P型多孔砖墙

图 2—56   多孔砖斜槎

（9）非承重多孔砖墙的底部宜用烧结普通砖砌三皮高,门窗洞口两侧及窗台下宜用烧结普通砖砌筑,至少半砖宽。

（10）多孔砖墙每天可砌高度应不超过1.8m。

（11）门窗洞口的预埋木砖、铁件等应采用与多孔砖横截面一致的规格。

（12）多孔砖墙中不够整块多孔砖的部位,应用烧结普通砖来补砌,不得将砍过的多孔砖填补。

【技能要点2】空心砖组砌操作工艺

(1)砌筑前,应在砌筑位置弹出墙边线及门窗洞口边线,底部至少先砌3皮普通砖,门窗洞口两侧一砖范围内也应用普通砖实砌。

(2)排砖摆底(干摆砖)。按组砌方法先从转角或定位处开始向一侧排砖,内外墙应同时排砖,纵横方向交错搭接,上下皮错缝,一般搭砌长度不少于60 mm,上下皮错缝1/2砖长。排砖时,凡不够半砖处用普通砖补砌,半砖以上的非整砖宜用无齿锯加工制作非整砖块,不得用砍凿方法将砖打断。第一皮空心砖砌筑必须进行试摆。

烧结空心砖的种类和规格

烧结空心砖是以黏土、页岩、煤矸石、粉煤灰为主要原料,经焙烧而成的主要用于建筑物非承重部位的块体材料。烧结空心砖的外形为直角六面体,其长度、宽度、高度的尺寸有:390、290、240、190、180(175)、140、115、90(mm)。其他规格尺寸由供需双方协商确定。

(3)选砖。检查空心砖的外观质量,有无缺棱掉角和裂缝现象,对于欠火砖和酥砖不得使用。用于清水外墙的空心砖,要求外观颜色一致,表面无压花。焙烧过火变色、变形的砖可用在不影响外观的内墙上。

(4)盘角。砌砖前应先盘角,每次盘角不宜超过3皮砖。新盘的大角应及时进行吊、靠。如有偏差,要及时修整。盘角时要仔细对照皮数杆的砖层和标高,控制好灰缝大小,使水平灰缝均匀一致。大角盘好后再复查一次,平整和垂直完全符合要求后,再挂线砌墙。

(5)挂线。砌筑必须双面挂线,如果长墙几个人均使用一根通线,中间应设几个支线点。小线要拉紧,每层砖都要穿线看平,使水平缝均匀一致,平直通顺。可照顾砖墙两面平整,为下道工序控制抹灰厚度奠定基础。

(6)砌砖。砌空心砖宜采用刮浆法。竖缝应先批砂浆后再砌筑,当孔洞呈垂直时,水平铺砂浆,应先用套板盖住孔洞,以免砂浆掉入空洞内。砌砖时砖要放平。里手高,墙面就要张;里手低,墙面就要背。砌砖一定要跟线,"上跟线,下跟棱,左右相邻要对平"。水平灰缝厚度和竖向灰缝宽度一般为 10 mm,且不应小于 8 mm,也不应大于 12 mm。为保证清水墙面主缝垂直,不游丁走缝,当砌完一步架高时,宜每隔 2 m 水平间距,在丁砖立楞位置弹两道垂直立线,可以分段控制游丁走缝。在操作过程中,要认真进行自检,如出现有偏差,应随时纠正,严禁事后砸墙。清水墙不允许有三分头,不得在上部任意变活、乱缝。砌筑砂浆应随搅拌随使用,一般水泥砂浆必须在 3 h 内用完,水泥混合砂浆必须在 4 h 内用完,不得使用过夜砂浆。清水墙应随砌随划缝,划缝深度为 8～10 mm,深浅一致,墙面清扫干净。混水墙应随砌随将舌头灰刮尽。

(7)空心砖墙应同时砌起,不得留槎。每天砌筑高度不应超过 1.8 m。

【技能要点 3】质量标准

1.主控项目

砖和砌筑砂浆的强度等级应符合设计要求。

检验方法:检查砖的产品合格证书、产品性能检测报告和砂浆试块试验报告。

2.一般项目

(1)空心砖砌体一般尺寸的允许偏差应符合表 2—7 的规定。

表 2—7　空心砖砌体一般尺寸允许偏差

项次	项　目		允许偏差(mm)	检验方法
1	轴线位移		10	用尺检查
	垂直度	小于或等于 3 m	5	用 2 m 托线板或吊线、尺检查
		大于 3 m	10	
2	表面平整度		8	用 2 m 靠尺和楔形塞尺检查

项次	项　目	允许偏差(mm)	检验方法
3	门窗洞口高、宽(后塞口)	±5	用尺检查
4	外墙上、下窗口偏移	20	用经纬仪或吊线检查

抽检数量:对表中 1、2 项,在检验批的标准间中随机抽查 10%,但不应少于 3 间。大面积房间和楼道按两个轴线或每 10 延长米按一标准间计数。每间检验不应少于 3 处。对表中 3、4 项,在检验批中抽查 10%,且不应少于 5 处。

(2)空心砖砌体的砂浆饱满度及检验方法应符合表 2—8 的规定。

表 2—8　空心砖砌体的砂浆饱满度及检验方法

灰　缝	饱满度及要求	检验方法
水平灰缝	≥80%	—
垂直灰缝	填满砂浆,不得有透明缝、瞎缝、假缝	用百格网检查砖底面砂浆的黏结痕迹面积

抽检数量:每步架子不少于 3 处,且每处不应少于 3 块。

(3)空心砖砌体中留置的拉结钢筋的位置应与砖皮数相符合。拉结钢筋应置于灰缝中,埋置长度应符合设计要求。

抽检数量:在检验批中抽检 20%,且不应少于 5 处。

检验方法:观察和用尺量检查。

(4)空心砖砌筑时应错缝搭砌,搭砌长度宜为空心砖长的1/2,但不应小于空心砖长的 1/3。

抽检数量:在检验批的标准间中抽查 10%,且不应少于 3 间。

检验方法:观察和尺量检查。

(5)空心砖砌体的灰缝厚度和宽度应正确。水平灰缝厚度和垂直灰缝宽度应为 8～12 mm。

抽检数量:在检验批的标准间中抽查 10%,且不应少于 3 间。

检验方法：用尺量 5 皮空心砖的高度和 2 m 砌体长度折算。

（6）空心砖墙砌至接近梁、板底时，应留一定空隙，待空心砖砌筑完并应至少间隔 7 d 后，再将其补砌挤紧。

抽检数量：每验收批抽 10％墙片（每两柱间的空心砖墙为一墙片），且不应少于 3 片墙。

检验方法：观察检查。

第三章 砌块砌体工程施工

第一节 混凝土小型空心砌块砌筑

【技能要点 1】施工准备

(1)运到现场的小砌块,应分规格、分等级堆放,堆放场地必须平整,并做好排水。小砌块的堆放高度不宜超过 1.6 m。

(2)对于砌筑承重墙的小砌块应进行挑选,剔出断裂小砌块或壁肋中有竖向凹形裂缝的小砌块。

(3)龄期不足 28 d 及潮湿的小砌块不得进行砌筑。

(4)普通混凝土小砌块不宜浇水;当天气干燥炎热时,可在砌块上稍加喷水润湿;轻骨料混凝土小砌块可洒水,但不宜过多。

(5)清除小砌块表面污物和芯柱用小砌块孔洞底部的毛边。

(6)砌筑底层墙体前,应对基础进行检查。清除防潮层顶面上的污物。

(7)根据砌块尺寸和灰缝厚度计算皮数,制作皮数杆。皮数杆立在建筑物四角或楼梯间转角处。皮数杆间距不宜超过 15 m。

(8)准备好所需的拉结钢筋或钢筋网片。

(9)根据小砌块搭接需要,准备一定数量的辅助规格的小砌块。

(10)砌筑砂浆必须搅拌均匀,随拌随用。

【技能要点 2】砌块排列

(1)砌块排列时,必须根据砌块尺寸、垂直灰缝的宽度和水平灰缝的厚度计算砌块砌筑皮数和排数,以保证砌体的尺寸合格;砌块排列应按设计要求,从基础面开始排列,尽可能采用主规格和大规格砌块,以提高台班产量。

（2）外墙转角处和纵横墙交接处，砌块应分皮咬槎，交错搭砌，以增加房屋的刚度和整体性。

（3）砌块墙与后砌隔墙交接处，应沿墙高每隔 400 mm 在水平灰缝内设置不少于 2φ4、横筋间距不大于 200 mm 的焊接钢筋网片，钢筋网片伸入后砌隔墙内不应小于 600 mm，如图 3—1 所示。

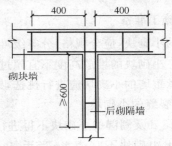

图 3—1　砌块墙与后砌隔墙交接处钢筋网片（单位：mm）

（4）砌块排列应对孔错缝搭砌，搭砌长度不应小于 90 mm。如果搭接错缝长度满足不了规定的要求，应采取压砌钢筋网片或设置拉结筋等措施，具体构造按设计规定。

（5）对设计规定或施工所需要的孔洞口、管道、沟槽和预埋件等，应在砌筑时预留或预埋，不得在砌筑好的墙体上打洞、凿槽。

（6）砌体的垂直缝应与门窗洞口的侧边线相互错开，不得同缝，错开间距应大于 150 mm，且不得采用砖镶砌。

（7）砌体水平灰缝厚度和垂直灰缝宽度一般为 10 mm，且不应大于 12 mm，也不应小于 8 mm。

（8）在楼地面砌筑一皮砌块时，应在芯柱位置侧面预留孔洞。为便于施工操作，预留孔洞的开口一般应朝向室内，以便清理杂物、绑扎和固定钢筋。

（9）设有芯柱的 T 形接头砌块第一皮至第六皮排列平面，如图 3—2 所示。第七皮开始又重复第一皮至第六皮的排列，但不用开口砌块，其排列立面如图 3—3 所示。设有芯柱的 L 形接头第一皮砌块排列平面，如图 3—4 所示。

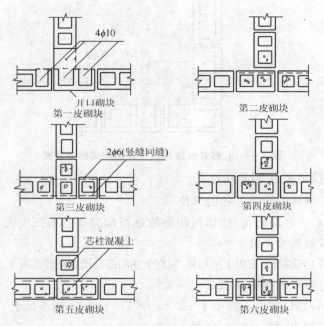

图 3—2 T形芯柱接头砌块排列平面图

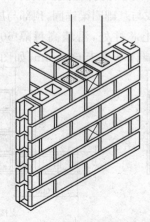

图 3—3 T形芯柱接头砌块排列立面图

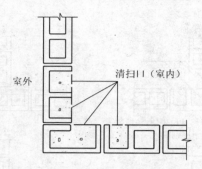

室外

清扫口（室内）

图 3—4　L 形芯柱接头第一皮砌块排列平面图

【技能要点 3】芯柱设置

1.墙体宜设置芯柱的部位

（1）在外墙转角、楼梯间四角的纵横墙交接处的三个孔洞,宜设置素混凝土芯柱。

（2）五层及五层以上的房屋,应在上述的部位设置钢筋混凝土芯柱。

2.芯柱的构造要求

（1）芯柱截面不宜小于 120 mm×120 mm,宜用不低于 C20 的细石混凝土浇灌。

（2）钢筋混凝土芯柱每孔内插竖筋不应少于 1ϕ10,底部应伸入室内地面以下 500 mm 或与基础圈梁锚固,顶部与屋盖圈梁锚固。

（3）在钢筋混凝土芯柱处,沿墙高每隔 600 mm 应设 ϕ4 钢筋网片拉结,每边伸入墙体不小于 600 mm,如图 3—5 所示。

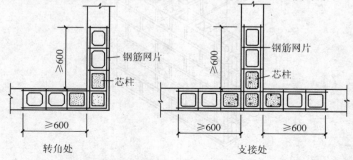

钢筋网片

芯柱

钢筋网片

芯柱

≥600

≥600

≥600

≥600

≥600

转伯处

支接处

图 3—5　钢筋混凝土芯柱处拉筋(单位:mm)

（4）芯柱应沿房屋的全高贯通，并与各层圈梁整体现浇，可采用如图3—6所示的做法。

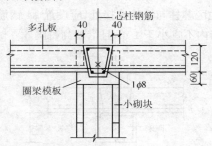

图 3—6 芯柱贯穿楼板的构造（单位：mm）

在6～8度抗震设防的建筑物中，应按芯柱位置要求设置钢筋混凝土芯柱；对医院、教学楼等横墙较少的房屋，应根据房屋增加一层的层数，按表3—1的要求设置芯柱。

表 3—1 抗震设防区混凝土小型空心砌块房屋芯柱设置要求

房屋层数及抗震设防烈度			设置部位	设置数量
6 度	7 度	8 度		
四	三	二	外墙转角、楼梯间四角、大房间内外墙交接处	
五	四	三		
六	五	四	外墙转角、楼梯间四角、大房间内外墙交接处，山墙与内纵墙交接处，隔开间横墙（轴线）与外纵墙交接处	外墙转角灌实3个孔；内外墙交接处灌实4个孔
七	六	五	外墙转角，楼梯间四角，各内墙（轴线）与外墙交接处；8度时，内纵墙与横墙（轴线）交接处和洞口两侧	外墙转角灌实5个孔；内外墙交接处灌实4个孔；内墙交接处灌实4～5个孔；洞口两侧各灌实1个孔

芯柱竖向插筋应贯通墙身且与圈梁连接；插筋不应小于12 mm。芯柱应伸入室外地下500 mm或锚入浅于500 mm的基础圈梁内。

芯柱混凝土应贯通楼板,当采用装配式钢筋混凝土楼板时,可采用如图 3—7 所示的方式采取贯通措施。

抗震设防地区芯柱与墙体连接处,应设置 φ4 钢筋网片拉结,钢筋网片每边伸入墙内不宜小于 1 m,且沿墙高每隔 600 mm 设置。

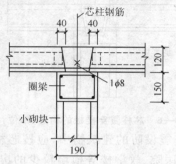

图 3—7　芯柱贯通楼板措施(单位:mm)

【技能要点 4】小砌块砌筑

1. 组砌形式

混凝土空心小砌块墙的立面组砌形式仅有全顺一种,上、下竖向相互错开 190 mm;双排小砌块墙横向竖缝也应相互错开 190 mm,如图 3—8 所示。

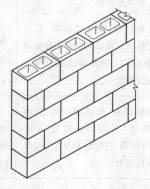

图 3—8　混凝土空心小砌块墙

2.组砌方法

混凝土空心小砌块宜采用铺灰反砌法进行砌筑。先用大铲或瓦刀在墙顶上摊铺砂浆,铺灰长度不宜超过 800 mm。再在已砌砌块的端面上刮砂浆,双手端起小砌块,并使其底面向上,摆放在砂浆层上,与前一块挤紧,使上下砌块的孔洞对准,挤出的砂浆随手刮去。若使用一端有凹槽的砌块时,应将有凹槽的一端接着平头的一端砌筑。

大铲、石刀简介

(1)大铲(图 3—9)。以桃形居多,是"三一"砌筑法的关键工具,主要用于铲灰、铺灰和刮灰,也可用来调和砂浆。

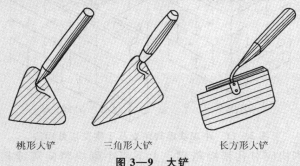

桃形大铲　　　三角形大铲　　　长方形大铲

图 3—9　大铲

(2)瓦刀(图 3—10)。又称泥刀,用于涂抹、摊铺砂浆,砍削砖块,打灰条、发璇及铺瓦,也可用于校准砖块位置。

图 3—10　瓦刀

3.组砌要点

普通混凝土小砌块不宜浇水,当天气干燥炎热时,可在砌块上稍加喷水润湿;轻集料混凝土小砌块施工前可洒水,但不宜过多。龄期不足 28 d 及潮湿的小砌块不得进行砌筑。

应尽量采用主规格小砌块,小砌块的强度等级应符合设计要求,并应清除小砌块表面污物和芯柱用小砌块孔洞底部的毛边。

在房屋四角或楼梯间转角处设立皮数杆,皮数杆间距不得超过 15 m。皮数杆上应画出各皮小砌块的高度及灰缝厚度。在皮数杆上相对小砌块上边线之间拉准线,小砌块依准线砌筑。

小砌块砌筑应从转角或定位处开始,内外墙同时砌筑,纵横墙交错搭接。外墙转角处应使小砌块隔皮露端面;T 字交接处应使横墙小砌块隔皮露端面,纵墙在交接处改砌两块辅助规格小砌块(尺寸为 290 mm×190 mm×190 mm,一头开口),所有露端面用水泥砂浆抹平,如图 3—11 所示。

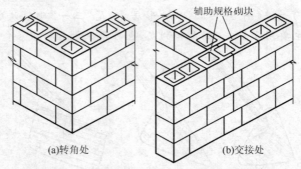

(a)转角处   (b)交接处

图 3—11　小砌块墙转角处及 T 字交接处砌法

小砌块应对孔错缝搭砌。上下皮小砌块竖向灰缝相互错开 190 mm。个别情况当无法对孔砌筑时,普通混凝土小砌块错缝长度不应小于 90 mm;轻骨料混凝土小砌块错缝长度不应小于 120 mm。当不能保证此规定时,应在水平灰缝中设置 $2\phi 4$ 钢筋网片,钢筋网片每端均应超过该垂直灰缝,其长度不得小于 300 mm,如图 3—12 所示。

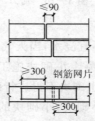

图 3—12　水平灰缝中拉结筋(单位:mm)

小砌块砌体的灰缝应横平竖直,全部灰缝均应铺填砂浆。水平灰缝的砂浆饱满度不得低于 90%;竖向灰缝的砂浆饱满度不得低于 80%;砌筑中不得出现瞎缝、透明缝。水平灰缝厚度和竖向灰缝宽度应控制在 8～12 mm。当缺少辅助规格小砌块时,砌体通缝不应超过两皮砌块。

小砌块砌体临时间断处应砌成斜槎,斜槎长度不应小于斜槎高度的 2/3(一般按一步脚手架高度控制)。如留斜槎有困难,除外墙转角处及抗震设防地区,砌体临时间断处不应留直槎外,可从砌体面伸出 200 mm 砌成阴阳槎,并沿砌体高每三皮砌块(600 mm),设拉结筋或钢筋网片。接槎部位宜延至门窗洞口,如图3—13所示。

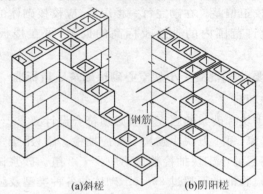

(a)斜槎　　　　　(b)阴阳槎

图 3—13　小砌块砌体斜槎和直接

承重砌体严禁使用断裂小砌块或壁肋中有竖向凹形裂缝的小砌块砌筑;也不得采用小砌块与烧结普通砖等其他块体材料混合砌筑。

小砌块砌体内不宜设脚手眼。如必须设置时,可用辅助规格 190 mm×190 mm×190 mm 小砌块侧砌,利用其孔洞作脚手眼,砌体完工后用 C15 混凝土填实。但在砌体下列部位不得设置脚手眼:

(1)过梁上部,与过梁成 60°角的三角形及过梁跨度 1/2 范围内;

（2）宽度不大于 800 mm 的窗间墙；

（3）梁和梁垫下及左右各 500 mm 的范围内；

（4）门窗洞口两侧 200 mm 内和砌体交接处 400 mm 的范围内；

（5）设计规定不允许设脚手眼的部位。

小砌块砌体相邻工作段的高度差不得大于一个楼层高度或 4 m。

常温条件下，普通混凝土小砌块的日砌筑高度应控制在1.8 m内；轻骨料混凝土小砌块的日砌筑高度应控制在 2.4 m 内。

对砌体表面的平整度和垂直度，灰缝的厚度和砂浆饱满度应随时检查，校正偏差。在砌完每一楼层后，应校核砌体的轴线尺寸和标高。允许范围内的轴线及标高的偏差，可在楼板面上予以校正。

【技能要点 5】混凝土小型空心砌块砌筑质量标准

1. 主控项目

（1）小砌块和砂浆的强度等级必须符合设计要求。抽检数量：每一生产厂家，每 1 万块小砌块至少应抽检 1 组；用于多层以上建筑基础和底层的小砌块抽检数量不应少于 2 组。砂浆试块的抽检数量：每一检验批且不超过 250 m³ 砌体的各种类型及强度等级的砌筑砂浆，每台搅拌机应至少抽检一次。检验方法为查小砌块和砂浆试块试验报告。

（2）砌体水平灰缝的砂浆饱满度，应按净面积计算，且不得低于 90%；竖向灰缝饱满度不得小于 80%；竖向缝凹槽部位应用砌筑砂浆填实，不得出现瞎缝、透明缝。抽检数量：每检验批不应少于 3 处。检验方法：用专用百格网检测小砌块与砂浆黏结痕迹，每处检测 3 块小砌块，取其平均值。

（3）墙体转角处和纵横墙交接处应同时砌筑。临时间断处应砌成斜槎，斜槎水平投影长度不应小于高度的 2/3。抽检数量：每检验批抽 20% 接槎，且不应少于 5 处。检验方法：观察检查。

（4）砌体的轴线偏移和垂直度偏差应符合表 3—2 的规定。

表 3—2　混凝土小砌块砌体的轴线及垂直度允许偏差

项次	项　目		允许偏差(mm)	检验方法
1	轴线位置偏移		10	用经纬仪和尺检查或用其他测量仪器检查
2	垂直度	每层	5	用 2 m 托线板检查
		全高 ≤10 m	10	用经纬仪、吊线和尺检查,或用其他测量仪器检查
		>10 m	20	

抽检数量:轴线查全部承重墙柱;外墙垂直度全高查阳角,不应少于 4 处,每层每 20 m 查一处;内墙按有代表性的自然间抽 10%,但不应少于 3 间,每间不应少于 2 处,柱不少于 5 根。

2.一般项目

(1)砌体的水平灰缝厚度和竖向灰缝宽度宜为 10 mm,且不应大于 12 mm,也不应小于 8 mm。抽检数量:每层楼的检测点不应少于 3 处。检验方法:用尺量 5 皮小砌块的高度和 2 m 砌体长度折算。

(2)小砌块砌体的一般尺寸允许偏差应符合表 3—3 的规定。

表 3—3　小砌块砌体一般尺寸允许偏差

项次	项　目		允许偏差(mm)	检验方法	抽检数量
1	基础顶面和楼面标高		±5	用水平仪和尺检查	不应少于 5 处
2	表面平整度	清水墙、柱	5	用 2 m 靠尺和楔形塞尺检查	有代表性自然间抽 10%,且不应少于 3 间,每间不应少于 2 处
		混水墙、柱	8		

项次	项　目		允许偏差（mm）	检验方法	抽检数量
3	门窗洞口高、宽（后塞口）		±5	用尺检查	检验批洞口的10%，且不应少于5处
4	外墙上下窗口偏移		20	以底层窗口为准，用经纬仪或吊线检查	检验批的10%，且不应少于5处
5	水平灰缝平直度	清水墙	7	拉10 m线和尺检查	有代表性自然间拉10%，且不应少于3间，每间不应少于2处
		混水墙	10		

第二节　加气混凝土砌块砌筑

【技能要点1】构造要求

（1）加气混凝土砌块可砌成单层墙或双层墙体。单层墙是将加气混凝土砌块立砌，墙厚为砌块的宽度。双层墙是将加气混凝土砌块立砌两层中间夹以空气层。两层砌块间，每隔500 mm墙高在水平灰缝中放置 $\phi4\sim6$ 的钢筋扒钉，扒钉间距为600 mm，空气层厚度约70～80 mm，如图3—14所示。

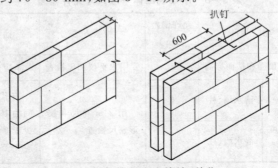

图3—14　加气混凝土砌块墙（单位：mm）

（2）承重加气混凝土砌块墙的外墙转角处、墙体交接处，均应沿墙高 1 m 左右，在水平灰缝中放置拉结钢筋。拉结钢筋为 3φ6，钢筋伸入墙内不小于 1 000 mm，如图 3—15 所示。

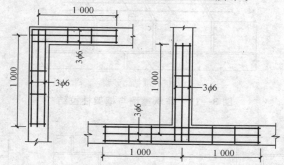

图 3—15　承重砌块墙的拉结钢筋（单位：mm）

（3）非承重墙与承重墙交接处，应沿墙高每隔 1 m 左右用 2φ6 或 3φ4 钢筋与承重墙拉结，每边伸入墙内长度不小于 700 mm，如图 3—16 所示。

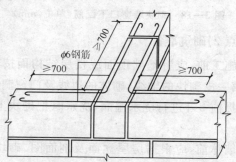

图 3—16　非承重墙与承重墙拉结（单位：mm）

（4）非承重墙与框架柱交接处，除了上述布置拉结筋外，还应用 φ8 钢筋套过框架柱后插入砌块顶的孔洞内，孔洞内用黏结砂浆分两次灌密实，如图 3—17 所示。

（5）为防止加气混凝土砌块砌体开裂，在墙体洞口的下部应放置 2φ6 钢筋。伸过洞口两侧边的长度，每边不得少于 500 mm，如图 3—18 所示。

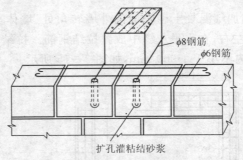

图 3—17　非承重墙与框架柱拉结

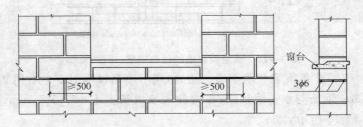

图 3—18　砌块墙窗口下配筋(单位:mm)

【技能要点 2】砌筑准备

(1)墙体施工前,应将基础顶面或楼层结构面按标高找平,依据图纸放出第一皮砌块的轴线,砌体的边线及门窗洞口位置线。

(2)砌块提前 2 d 进行浇水湿润,浇水时把砌块上的浮尘冲洗干净。

(3)砌筑墙体前,应根据房屋立面及剖面图、砌块规格等绘制砌块排列图(水平灰缝按 15 mm,垂直灰缝按 20 mm),按排列图制作皮数杆,根据砌块砌体标高要求立好皮数杆,皮数杆立在砌体的转角处,纵向长度一般不应大于 15 m 立一根。

(4)配制砂浆:按设计要求的砂浆品种、强度等级进行砂浆配制,配合比由试验室确定。

采用重量比,计量精度为水泥±2%,砂、石灰膏控制在±5%以内,应采用机械搅拌,搅拌时间不少于 11.5 min。

【技能要点 3】砌块排列

(1)应根据工程设计施工图纸,结合砌块的品种规格,绘制砌体砌块的排列图,经审核无误后,按图进行排列。

(2)排列应从基础顶面或楼层面进行,排列时应尽量采用主规格的砌块,砌体中主规格砌块应占总量的 80% 以上。

(3)砌块排列应按设计的要求进行,砌筑外墙时,应避免与其他墙体材料混用。

(4)砌块排列上下皮应错缝搭砌,搭砌长度一般为砌块长度的1/3,且不应小于 150 mm。

(5)砌体的垂直缝与窗洞口边线要避免同缝。

(6)外墙转角处及纵横墙交接处,应将砌块分皮咬槎,交错搭砌。砌体砌至门窗洞口边非整块时,应用同品种的砌块加工切割成,不得用其他砌块或砖镶砌。

(7)砌体水平灰缝厚度一般为 15 mm。加网片筋的砌体、水平灰缝的厚度为 20～25 mm,垂直灰缝的厚度为 20 mm。大于30 mm 的垂直灰缝应用 C20 级细石混凝土灌实。

(8)凡砌体中需固定门窗或其他构件以及放置过梁、搁板等部位,应尽量采用大规格和规则整齐的砌块砌筑,不得使用零星砌块砌筑。

(9)砌块砌体与结构构件位置有矛盾时,应先满足构件要求。

【技能要点 4】砌筑要点

(1)将搅拌好的砂浆通过吊斗或手推车运至砌筑地点,在砌块就位前用大铁锹、灰勺,进行分块铺灰,较小的砌块最大铺灰长度不得超过 1 500 mm。

(2)砌块就位与校正:砌块砌筑前应把表面浮尘和杂物清理干净,砌块就位应先远后近,先下后上,先外后内;应从转角处或定位砌块处开始,吊砌一皮校正一皮。

(3)砌块就位与起吊应避免偏心,使砌块底面水平下落,就位时由人手扶控制,对准位置,缓慢地下落。经小撬棍微撬,拉线控

制砌体标高和墙面平整度，用托线板挂直，校正为止。

（4）竖缝灌砂浆：每砌一皮砌块就位后，用砂浆灌实直缝，加气混凝土砌块墙的灰缝应横平竖直，砂浆饱满。水平灰缝砂浆饱满度不应小于90%；竖向灰缝砂浆饱满度不应小于80%。水平灰缝厚度宜为15 mm；竖向灰缝宽度宜为20 mm。随后进行灰缝的勒缝（原浆勾缝），深度一般为3～5 mm。

（5）加气混凝土砌块的切锯、钻孔打眼、镂槽等应采用专用设备与工具进行加工，不得用斧、凿随意砍凿，砌筑上墙后更要注意。

（6）外墙水平方向的凹凸部分（如线脚、雨篷、窗台、檐口等）和挑出墙面的构件，应做好泛水和滴水线槽，以免其与加气混凝土砌体交接的部位积水，造成加气混凝土盐析、冻融破坏和墙体渗漏。

（7）砌筑外墙时，砌体上不得留脚手眼（洞），可采用里脚手或双排立柱外脚手。

（8）当加气混凝土砌块用于砌筑具有保温要求的砌体时，对外露墙面的普通钢筋混凝土柱、梁和挑出的屋面板、阳台板等部位，均应采取局部保温处理措施。如用加气混凝土砌块外包等，可避免贯通式"热桥"。在严寒地区，加气混凝土砌块应用保温砂浆砌筑（图3—19），在柱上还需每隔1 m左右的高度甩筋或加柱箍钢筋与加气混凝土砌块砌体连接。

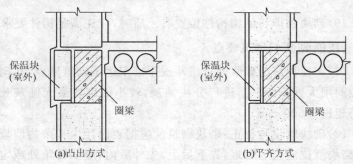

图3—19　外墙局部保温处理

（9）砌筑外墙及非承重隔墙时，不得留脚手眼。

（10）不同干容重和强度等级的加气混凝土小砌块不应混砌，

也不得用其他砖或砌块混砌。填充墙底、顶部及门窗洞口处局部采用烧结普通砖或多孔砖砌筑不视为混砌。

(11)加气混凝土砌块墙如无切实有效措施,不得使用于下列部位:

1)建筑物室内地面标高以下部位;

2)长期浸水或经常受干湿交替影响部位;

3)受化学环境侵蚀(如强酸、强碱)或高浓度二氧化碳等环境;

4)砌块表面经常处于 80℃以上的高温环境。

【技能要点5】加气混凝土砌块砌筑质量标准

1.主控项目

砌块和砌筑砂浆的强度等级应符合设计要求。

检验方法:检查砌块的产品合格证书、产品性能检测报告和砂浆试块试验报告。

2.一般项目

(1)砌体一般尺寸的允许偏差应符合表3—4的规定。

表3—4 加气混凝土砌体一般尺寸允许偏差

项次	项 目		允许偏差 (mm)	检验方法
1	轴线位移		10	用尺检查
	垂直度	≤3 cm	5	用 2 m 托线板或吊线、尺检查
		>3 cm	10	
2	表面平整度		8	用 2 m 靠尺和楔形塞尺检查
3	门窗洞口高、宽(后塞口)		±5	用尺检查
4	外墙上、下窗口偏移		20	用经纬仪或吊线检查

对表中1、2项,在检验批的标准间中随机抽查10%,且不应少于3间;大面积房间和楼道连接两个轴线每10延长米按一标准间计数;每间检验不应少于3处。对表中3、4项,在检验批中抽检10%,且不应少于5处。

(2)加气混凝土砌块不应与其他块材混砌。

抽检数量:在检验批中抽检 20%,且不应少于 5 处。

检验方法:外观检查。

(3)加气混凝土砌块砌体的灰缝砂浆饱满度不应小于 80%。

抽检数量:每步架子不少于 3 处,且每处不应少于 3 块。

检验方法:用百格网检查砌块底面砂浆的黏结痕迹面积。

(4)加气混凝土砌块砌体留置的拉结钢筋或网片的位置与砌块皮数相符合。拉结钢筋或网片应置于灰缝中,埋置长度应符合设计要求,竖向位置偏差不应超过一定砌块高度。

抽检数量:在检验批中抽检 20%,且不应少于 5 处。

检验方法:观察和用尺量检查。

(5)砌块砌筑时应错缝搭接,搭接长度不应小于砌块长度的 1/3;竖向通缝不应大于 2 皮。

抽检数量:在检验批的标准间中抽查 10%,且不应少于 3 间。

检验方法:观察和用尺检查。

(6)加气混凝土砌块砌体的水平灰缝厚度及竖向灰缝宽度分别宜为 15 mm 和 20 mm。

抽检数量:在检验批的标准间中抽查 10%,且不应少于 3 间。

检验方法:用尺量 5 皮砌块的高度和 2 m 砌体长度。

(7)加气混凝土砌块墙砌至接近梁、板底时,应留一定空隙,待墙体砌筑完并应至少间隔 7 d 后,再将其补砌挤紧。

抽检数量:每验收批抽 10%墙片(每两柱间的填充墙为一墙片),且不应少于 3 片墙。

检验方法:观察检查。

第三节　粉煤灰砌块砌筑

【技能要点 1】砌块排列

(1)砌筑前,应根据工程设计施工图,结合砌块的品种、规格、绘制砌体砌块的排列图,经审核无误,按图排列砌块。

(2)砌块排列时尽可能采用主规格的砌块,砌体中主规格的砌

块应占总量的 75%～80%。其他副规格砌块(如 580 mm×
380 mm×240mm、430 mm×380 mm×240 mm、280 mm×
380 mm×240 mm)和镶砌用砖(标准砖或承重多孔砖)应尽量减
少,分别控制在 5%～10%以内。

(3)砌块排列上下皮应错缝搭砌,搭砌长度一般为砌块的1/2;
不得小于砌块高的 1/3,也不应小于 150 mm。如果搭接缝长度满
足不了要求,应采取压砌钢筋网片的措施,具体构造按设计规定。

(4)墙转角及纵横墙交接处,应将砌块分层咬槎,交错搭砌。
如果不能咬槎时,按设计要求采取其他的构造措施。砌体垂直缝
与门窗洞口边线应避开同缝,且不得采用砖镶砌。

(5)砌块排列尽量不镶砖或少镶砖,需要镶砖时,应用整砖镶
砌,而且尽量分散、均匀布置,使砌体受力均匀。砖的强度等级应
不小于砌块的强度等级。镶砖应平砌,不宜侧砌或竖砌。墙体的
转角处和纵横墙交接处,不得镶砖;门窗洞口不宜镶砖,如需镶砖
时,应用整砖镶砌,不得使用半砖镶砌。

在每一楼层高度内需镶砖时,镶砌的最后一皮砖和安置有搁栅、
楼板等构件下的砖层须用丁砖镶砌,而且必须用无横断裂缝的整砖。

(6)砌体水平灰缝厚度一般为 15 mm,如果加钢筋网片的砌
体,水平灰缝厚度为 20～25 mm,垂直灰缝宽度为 20 mm;大于
30 mm的垂直缝,应用 C20 的细石混凝土灌实。

【技能要点 2】砌块砌筑

(1)粉煤灰砌块墙砌筑前,应按设计图绘制砌块排列图,并在
墙体转角处设置皮数杆。粉煤灰砌块的砌筑面适量浇水。

(2)粉煤灰砌块的砌筑方法可采用"铺灰灌浆法"。先在墙顶
上摊铺砂浆,然后将砌块按砌筑位置摆放到砂浆层上,并与前一块
砌块靠拢,留出不大于 20 mm 的空隙。待砌完一皮砌块后,在空
隙两旁装上夹板或塞上泡沫塑料条,在砌块的灌浆槽内灌砂浆,直
至灌满。等到砂浆开始硬化不流淌时,即可卸掉夹板或取出泡沫
塑料条,如图 3—20 所示。

(3)砌块砌筑应先远后近,先下后上,先外后内。每层应从转

角处或定位砌块处开始,应吊一皮,校正一皮,每皮拉麻线控制砌块标高和墙面平整度。

(4)砌筑时,应采用无榫法操作,即将砌块直接安放在平铺的砂浆上。砌筑应做到横平竖直,砌体表面平整清洁,砂浆饱满,灌缝密实。

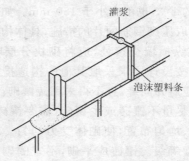

灌浆

泡沫塑料条

图 3—20　粉煤灰砌块砌筑

(5)内外墙应同时砌筑,相邻施工段之间或临时间断处的高度差不应超过一个楼层,并应留阶梯形斜槎。附墙垛应与墙体同时交错搭砌。

(6)粉煤灰砌块是立砌的,立面组砌形式只有全顺一种。上下皮砌块的竖缝相互错开 440 mm,个别情况下相互错开不小于 150 mm。

(7)粉煤灰砌块墙水平灰缝厚度应不大于 15 mm,竖向灰缝宽度应不大于 20 mm(灌浆槽处除外),水平灰缝砂浆饱满度应不小于 90%,竖向灰缝砂浆饱满度应不小于 80%。

(8)粉煤灰砌块墙的转角处及丁字交接处,可使隔皮砌块露头,但应锯平灌浆槽,使砌块端面为平整面,如图 3—21 所示。

(9)校正时,不得在灰缝内塞进石子、碎片,也不得强烈振动砌块;砌块就位并经校正平直、灌垂直缝后,应随即进行水平灰缝和竖缝的勒缝(原浆勾缝),勒缝的深度一般为 3~5 mm。

(10)粉煤灰砌块墙中门窗洞口的周边,宜用烧结普通砖砌筑,砌筑宽度应不小于半砖。

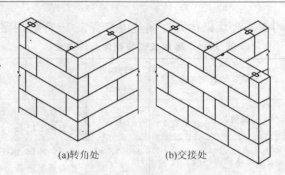

(a)转角处   (b)交接处

图 3—21 粉煤灰砌块墙转角处、交接处的砌法

（11）粉煤灰砌块墙与承重墙（或柱）交接处，应沿墙高 1.2 m 左右在水平灰缝中设置 3 根直径 4 mm 的拉结钢筋。拉结钢筋伸入承重墙内及砌块墙的长度均不小于 700 mm。

（12）粉煤灰砌块墙砌到接近上层楼板底时，因最上一皮不能灌浆，可改用烧结普通砖或煤渣砖斜砌挤紧。

（13）砌筑粉煤灰砌块外墙时，不得留脚手眼。每一楼层内的砌块墙应连续砌完，尽量不留接槎。如必须留槎时，应留成斜槎，或在门窗洞口侧边间断。

（14）当板跨大于 4 m 并与外墙平行时，楼盖和屋盖预制板紧靠外墙的侧边宜与墙体或圈梁拉结锚固，如图 3—22 所示。

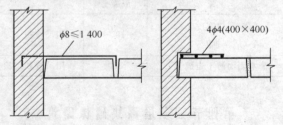

图 3—22 非支承向板锚固筋（单位：mm）

对于钢筋混凝土预制楼板相互之间以及板与梁、墙与圈梁的联结更要注意加强。

【技能要点 3】粉煤灰砌块砌筑质量标准

粉煤灰砌块砌体的质量标准可参照加气混凝土砌块砌体的质

量标准。粉煤灰砌块砌体允许偏差应符合表 3—5 的规定。

表 3—5　粉煤灰砌块砌体允许偏差

项次	项　目			允许偏差（mm）	检验方法
1	轴线位置			10	用经纬仪、水平仪复查或检查施工记录
2	基础或楼面标高			±15	用经纬仪、水平仪复查或检查施工记录
3	垂直度	每楼层		5	用吊线法检查
		全高	10 m 以下	10	用经纬仪或吊线尺检查
			10 m 以上	20	用经纬仪或吊线尺检查
4	表面平整			10	用 2 m 长直尺和塞尺检查
5	水平灰缝平直度	清水墙		7	灰缝上口处用 10 m 长的线拉直并用尺检查
		混水墙		10	
6	水平灰缝厚度			+10 −5	与线杆比较，用尺检查
7	竖向灰缝宽度			+10 −5 >30 用细石混凝土	用尺检查
8	门窗洞口宽度（后塞框）			+10、−5	用尺检查
9	清水墙面游丁走缝			2.0	用吊线和尺检查

第四节　多层砌块砌体砌筑

【技能要点 1】砌块砌体构造要求

1. 一般规定

（1）砌块砌体应分皮错缝搭接，上下皮搭砌长度，不得小于 90 mm。

（2）当搭接长度不满足上述要求时，应在水平灰缝内设置不少于 2φ4 的焊接钢筋网片，横向钢筋的间距不应大于 200 mm，网片每端均应超过该垂直缝,其长度不得小于 300 mm。

(3)填充墙、隔墙应分别采取措施与周边构件连接。

(4)砌块墙与后砌隔墙交接处,应沿墙高每 400 mm 在水平灰缝内设置不少于 $2\phi4$,横筋间距不大于 200 mm 的焊接钢筋网片,如图 3—23 所示。

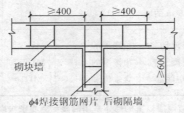

图 3—23 砌块墙与后砌隔墙交接(单位:mm)

(5)混凝土砌块墙体的下列部分,如未设圈梁或混凝土垫块,应采用不低于 Cb20 的灌孔混凝土将孔洞灌实。

1)搁栅、檩条和钢筋混凝土楼板的支承面下,高度不应小于 200 mm 的砌体。

2)屋架、大梁等构件的支承面下,高度不应小于 600 mm,长度不应小于 600 mm 的砌体。

3)挑梁支承面下,距离中心线每边不应小于 300 mm。高度均不应小于 600 mm 的砌体。

(6)山墙处的壁柱宜砌至山墙顶部,屋面构件应与山墙可靠拉结。在风压较大的地区,屋盖不宜挑出山墙。

(7)不应在截面长边小于 500 mm 的承重墙体、独立柱内埋设管线。墙体中应避免开凿沟槽,无法避免时应采取必要的加强措施或按削弱后的截面验算墙体的承载力。

2.材料要求

砌块砌体材料的最低程度等级见表 3—6。

3.圈梁构造

(1)设置位置

为增强房屋的整体刚度,防止由于地基不均匀沉降或较大振动荷载等对房屋引起的不利影响,在墙中设置钢筋混凝土圈梁。

表 3—6　　砌块砌体材料的最低强度等级

序号	砌块砌体的应用部分		砌块	砂浆
1	五层及五层以上房屋的墙 受振动的墙 层高大于 6 m 的墙		MU7.5	Mb5
2	地面以下或防潮 层以下的混凝土砌 块砌体潮湿房间墙	稍潮湿的 很潮湿的 含水饱和的	MU7.5 MU7.5 MU10	Mb5(水泥砂浆) Mb7.5(水泥砂浆) Mb10(水泥砂浆)

注:地面以下或者防潮层以下的砌体采用混凝土空心砌块砌体时,其孔洞应采用不
低于 C20 的混凝土灌实,对安全等级为一级或设计使用年限大于 50 年的房屋,
墙柱所用材料的最低强度等级应至少提高一级。

　　1)空旷的单层房屋,如车间、仓库、食堂等,应按下列规定设置圈梁:

　　①砌块砌体房屋,檐口标高为 4～5 m 时,应在檐口标高处设置圈梁一道;檐口标高大于 5 m 时,应增加设置数量。

　　②对有吊车或较大振动设备的单层工业房屋,除在檐口或窗顶标高处设置现浇钢筋混凝土圈梁外,尚应在吊车梁标高处或其他适当位置增设。

　　2)多层砌块房屋,应按下列规定设置圈梁:

　　①多层砌块民用房屋,如宿舍、办公楼等,当层数为 3～4 层时,应在底层和檐口标高处设置圈梁一道;当层数超过 4 层时,应在所有纵、横墙上隔层设置。

　　②多层砌块工业房屋,应每层设置现浇钢筋混凝土圈梁。

　　③设置墙梁的多层砌块房屋应在托梁、墙梁顶面和檐口标高处设置现浇钢筋混凝土圈梁,其他楼盖处应在所有纵横墙上每层设置。

　　④采用现浇钢筋混凝土楼(屋)盖的多层砌块房屋,当层数超过 5 层时,除在檐口标高处设置一道圈梁外,可隔层设置圈梁,并与楼(屋)面板一起现浇。

3）建筑在软弱地基或不均匀地基上的砌块房屋，应按下列规定设置圈梁：

①在多层房屋的基础和顶层檐口处各设置一道圈梁，其他各层可隔层设置。必要时也可层层设备。

②单层工业厂房、仓库等，可结合基础梁、连系梁、过梁等酌情设置。

③圈梁宜设置在外墙、内纵墙和主要内横墙上。

④在墙体上开洞过大时，宜在开洞部位适当配筋，并采用芯柱或构造柱、圈梁加强。

（2）构造要求

1）圈梁宜连续地设在同一水平面上，并形成封闭状。当圈梁被门窗洞口截断时，应在洞口上部增设相同截面的附加圈梁。附加圈梁与圈梁的搭接长度不应小于其中到中垂直间距的两倍，且不得小于 1 m。

2）圈梁的宽度宜与墙厚相同。圈梁的高度宜为块高的倍数，且不宜小于 200 mm。纵向钢筋不应少于 $4\phi10$，箍筋间距不应大于 300 mm。混凝土强度等级不宜低于 C20。

3）圈梁兼作过梁时，过梁部分的钢筋应按计算用量单独配置。

4）纵横墙交接处的圈梁应有可靠的连接。挑梁与圈梁相遇时，宜整体现浇。当采用预制挑梁时，应采取适当措施，保证挑梁、圈梁和芯柱的整体连接。

4. 过梁构造

门窗洞口顶部应采用钢筋混凝土过梁，验算过梁下砌体局部承压时，可不考虑上层荷载的影响。过梁上的荷载，可按下列规定采用：

（1）梁、板荷载：当梁、板下的墙体高度小于过梁净跨时，应计入梁、板传来的荷载；当梁、板下的墙体高度不小于过梁净跨时，可不考虑梁、板荷载。

（2）墙体荷载：当过梁上墙体高度小于 1/2 过梁净跨时，应按墙体的均布自重采用；当墙体高度不小于过梁净跨时，应按高度为 1/2 过梁净跨墙体的均布自重采用。

5.芯柱构造

(1)设置部位

混凝土小型砌块房屋,应按表3—7要求设置钢筋混凝土芯柱;对于医院、教学楼等横墙较少的房屋,应根据房屋增加一层后的层数,按表3—7的要求设置芯柱。

表3—7 小砌块房屋芯柱设置要求

序号	设防烈度和房屋层数			设置部位	设置数量
	6度	7度	8度		
1	4、5	3、4	2、3	外墙转角,楼梯间四角;大房间内外墙交接处;隔15 m或单元横墙与外纵墙交接处	外墙转角,灌实3个孔;内外墙交接处,灌实4个孔
2	6	5	4	外墙转角,楼梯间四角;大房间内外墙交接处;山墙与内纵墙交接处;隔开间横墙(轴线)与外纵墙交接处	
3	7	6	5	外墙转角,楼梯间四角;各内墙(轴线)与外纵墙交接处;设防烈度为8、9度时,内纵墙与横墙(轴线)交接处和洞口两侧	外墙转角,灌实5个孔;内外墙交接处,灌实4个孔;内墙交接处,灌实4~5个孔;洞口两侧各灌实1个孔
4	1	7	6	外墙转角,楼梯间四角;各内墙(轴线)与外纵墙交接处;设防烈度为8、9度时,内纵墙与横墙(轴线)交接处和洞口两侧;横墙内芯柱间距不宜大于2 m	外墙转角,灌实7个孔;内外墙交接处,灌实5个孔;内墙交接处,灌实4~5个孔;洞口两侧各灌实1个孔

（2）芯柱的截面及连接

1）在混凝土小型砌块房屋中，每个芯柱的截面一般为砌块孔洞的尺寸，芯柱截面不宜小于 120 mm×120 mm，其混凝土强度等级不应低于 C20。

2）芯柱的竖向插筋应贯通墙身且与圈梁连接；插筋不应小于 1ϕ12，7 度时超过五层、8 度时超过四层和 9 度时，插筋不应小于 1ϕ14。

3）芯柱应伸入室外地面下 500 mm 或与埋深小于 500 mm 的基础圈梁相连。

4）为提高墙体抗震受剪承载力而设置的芯柱，宜在墙体内均匀布置，最大净距不宜大于 2.0 m。

5）小砌块房屋墙体交接处或芯柱与墙体连接处应设置拉结钢筋网片。网片可采用直径 4 mm 的钢筋点焊而成，沿墙高每隔 600 mm 设置，每边伸入墙内不宜小于 1 m。

（3）代替芯柱的构造柱

有的小砌块房屋中设置钢筋混凝土构造柱来代替芯柱，该构造柱应符合下列构造要求：

1）构造柱最小截面可采用 190 mm×190 mm，纵向钢筋宜采用 4ϕ12，箍筋间距不宜大于 250 mm，且在柱上下端宜适当加密；7 度时超过五层、8 度时超过四层和 9 度时，构造柱纵向钢筋宜采用 4ϕ14，箍筋间距不应大于 200 mm；外墙转角的构造柱可适当加大截面及配筋。

2）构造柱与砌块墙连接处应砌成马牙槎，与构造柱相邻的砌块孔洞，6 度时宜填实，7 度时应填实，8 度时应填实并插筋；沿墙高每隔 600 mm 应设拉结钢筋网片，每边伸入墙内不宜小于 1 m。

3）构造柱与圈梁连接处，构造柱的纵筋应穿过圈梁，保证构造柱纵筋上下贯通。

4）构造柱可不单独设置基础，但应伸入室外地面下 500 mm，或与埋深小于 500 mm 的基础圈梁相连。

6. 温度伸缩缝设置

（1）为了避免建筑物在不均匀沉降和温度变化时产生裂缝，设计中要人为的设置变形缝,即温度伸缩缝和沉降缝。温度缝可只将建筑物分开,基础不分开,以使建筑物不同部位在温度作用下有不同的自由伸缩。

(2)温度收缩缝的间距与室外采暖计算温度有关,可参考表3—8所提供的数据。

表3—8　集中采暖建筑温度缝的最大间距

序　号	室外计算温度(℃)	砂浆强度等级	
		≥M5	M2.5～M1.0
1	≤－30	25 m	35 m
2	－30～－21	30 m	45 m
3	－20～－11	40 m	60 m
4	≥－10	50 m	75 m

7.沉降缝设置

(1)沉降缝沿建筑物全高设置,将基础和建筑物沿高度全部分开,以保证建筑物不同部位有不同的沉降量。

(2)建筑物的沉降缝一般在下列情况设置:

1)当建筑物基础下有不同土层,地基土的承载力相差较大时,或者一边为可压缩性土层,而另一边为几乎处于不同压缩层时;

2)在新建筑物与老建筑物接缝处;

3)当建筑物各部分高度相差大于10 m以上时;

4)当建筑物各部分荷载相差较大,造成基础宽度相差在2～3倍以上时;

5)当建筑物各部分之间基础埋深相差较大时。

8.控制缝设置

(1)砌块砌体对湿度变化很敏感,随着湿度的变化而发生体积变化。因此,在设计中还要考虑因湿度变化而须设置的缝,通常称之为控制缝。

(2)控制缝应设在因湿度变化发生收缩变形可能引起的应力集中和砌体产生裂缝可能性能最大的部位。如墙高度变化处、墙厚度变化处、基础附近、楼板和屋面板设缝部位以及墙面的开口处。

(3)控制缝的间距,当承重结构采用含水率控制砌块砌筑时,在没有充分试验数据前,建议按表3—8采用。

(4)控制缝应与温度伸缩缝和沉降缝一样能使墙体自由移动,但对外力又要有足够的抵抗能力。

(5)在有实践经验的地方,控制缝的间距也可适当放宽。外墙控制缝也必须是防水的。

【技能要点2】砌块房屋的防裂措施

(1)屋面应设置保温、隔热层。屋面保温(隔热)层的屋面刚性面层及砂浆找平层应设分隔缝,分隔缝间距不宜大于6 m,并与女儿墙隔开,其缝宽不小于30 mm。

(2)采用装配式有檩体系瓦材坡屋面。

(3)采用钢筋混凝土现浇坡屋面时,宜采用屋面板伸出外墙的挑檐结构。

(4)在钢筋混凝土屋面板与墙体圈梁的接触处设置水平滑动层,对于纵墙可在其房屋两端2~3个开间内设置。

(5)现浇钢筋混凝土屋盖,当房屋较长时,可在屋盖设置分隔缝,分隔缝间距不宜大于20 m。

(6)对外露的混凝土女儿墙宜沿纵向不大于12 m设置局部分隔缝。

(7)顶层屋面板下设置现浇钢筋混凝土圈梁,并沿内外墙拉通。现浇钢筋混凝土坡屋面应在檐口标高处墙体内增设圈梁。

(8)顶层墙体门窗洞口过梁上砌体每皮水平缝中设2ϕ4网片或2ϕ6钢筋,网片应伸入过梁两端墙内不小于600 mm。

(9)顶层外纵墙门窗洞口两侧设插筋芯柱,在房屋两端第一开间门窗洞两侧宜加设两个插筋芯柱或采用钢筋混凝土构造柱。插筋芯柱或构造柱应与楼层圈梁连结。

(10)顶层房屋两端第一、第二开间的内外纵墙和山墙,在窗台标高外设置通长钢筋混凝土圈梁。圈梁高度宜为块高模数,纵筋不少于 4φ10,箍筋 6φ200,Cb20 混凝土。也可在顶层窗台标高处设配筋带,配筋带高度宜为 60 mm,配筋不小于 2φ6。窗台采用现浇钢筋混凝土板。

(11)顶层横墙在窗台标高以上设钢筋网,钢筋网间距宜为 400 mm,网片配筋 2φ4,横筋 4φ200。在横墙端部窗台标高以上长度为 3 m 左右为墙体高应力区,宜在该处设插筋芯柱,芯柱间距不宜大于 1.5 m。

(12)顶层房屋两端第一、第二开间的内纵墙,在墙中应设插筋芯柱,芯柱间距不宜大于 1.5 m;或在墙中设置横向水平钢筋网片。

(13)东西山墙可采取设置水平钢筋网片或在山墙中增设插筋芯柱或构造柱。网片间距不宜大于 400 mm,芯柱或构造柱间距不宜大于 3 m。

(14)提高顶层砂浆强度等级,砂浆强度等级不低于 Mb5。

(15)女儿墙应设置构造柱,构造柱间距不宜大于 4 m,在房屋两端两个开间构造柱间距应适当减少。构造柱应与现浇钢筋混凝土压顶整浇在一起。

(16)对抗震设防 7 度和 7 度以下地区,砌块房屋的顶层、底层墙体可设置竖向控制缝,控制缝间距不宜大于 9 mm。

(17)砌块出厂龄期应大于 28 d,现场堆放应有防雨措施,上墙砌块应严格控制含水率,严禁雨天施工。

(18)合理选用砌块外墙的抹灰材料和施工工艺。

(19)防止房屋底层墙体裂缝的措施:

1)增加基础和圈梁刚度,软弱土地基可选用桩基。

2)基础部分砌块墙体在砌块孔洞中用 Cb20 混凝土灌实。

3)底层窗台下墙体设通长钢筋网片,竖向间距不大于 400 mm。

4)底层窗台采用现浇钢筋混凝土窗台板,窗台板伸入窗间墙内不小于 600 m。

第四章 石砌体和其他工程施工

第一节 料石砌筑

【技能要点1】施工要求

(1)石砌体工程所用的材料应有产品的合格证书、产品性能检测报告。料石、水泥、外加剂等应有材料主要性能的进场合格证及复试报告。

(2)砌筑石材基础前,应校核放线尺寸,其允许偏差应符合表4—1的规定。

表4—1 放线尺寸的允许偏差

长度 L、宽度 B(m)	允许偏差(mm)	长度 L、宽度 B(m)	允许偏差(mm)
L(或 B)≤30	±5	60<L(或 B)≤90	±15
30<L(或 B)≤60	±10	L(或 B)>90	±20

(3)石砌体砌筑顺序应符合下列规定:

1)基底标高不同时,应从低处砌起,并应由高处向低处搭砌。当设计无要求时,搭接长度不应小于基础扩大部分的高度。

2)料石砌体的转角处和交接处应同时砌筑。当不能同时砌筑时,应按规定留槎、接槎。

(4)设计要求的洞口、管道、沟槽应于料石砌体砌筑前正确留出或预埋。未经设计同意,不得打凿料石墙体或在料石墙体上开凿水平沟槽。

(5)放置预制梁板的料石砌体顶面应找平,安装时应坐浆。当设计无具体要求时,应采用1:2.5的水泥砂浆。

(6)设置在潮湿环境或有化学侵蚀性介质的环境中的料石砌体,灰缝内的钢筋应采取防腐措施处理。

【技能要点2】料石基础砌筑

1.料石基础的构造

料石基础是用毛料石或粗料石与水泥混合砂浆或水泥砂浆砌筑而成的。

料石基础有墙下的条形基础和柱下独立基础等。依其断面形状有矩形、阶梯形等,如图4—1所示。阶梯形基础每阶挑出宽度不大于200 mm,每阶为一皮或二皮料石。

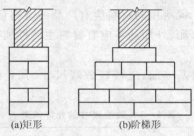

(a)矩形　　　　　　(b)阶梯形

图4—1　料石基础断面形状

2.料石基础的组砌形式

料石基础砌筑形式有顶顺叠砌和顶顺组砌。顶顺叠砌是一皮顺石与一皮顶石相隔砌成,上下皮竖缝相互错开1/2石宽;顶顺组砌是同皮内1~3块顺石与一块顶石相隔砌成,顶石中距不大于2 m,上皮顶石坐中于下皮顺石,上下皮竖缝相互错开至少1/2石宽,如图4—2所示。

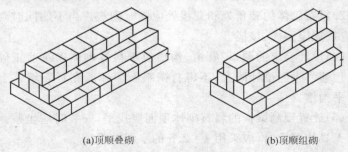

(a)顶顺叠砌　　　　　　(b)顶顺组砌

图4—2　料石基础砌筑形式

3.砌筑准备

(1)放好基础的轴线和边线,测出水平标高,立好皮数杆。皮数杆间距以不大于 15 m 为宜,在料石基础的转角处和交接处均应设置皮数杆。

(2)砌筑前,应将基础垫层上的泥土、杂物等清除干净,并浇水润湿。

(3)拉线检查基础垫层表面标高是否符合设计要求。如第一皮水平灰缝厚度超过 20 mm 时,应用细石混凝土找平,不得用砂浆或在砂浆中掺碎砖或碎石代替。

(4)常温施工时,砌石前一天应将料石浇水润湿。

4.砌筑要点

(1)料石基础宜用粗料石或毛料石与水泥砂浆砌筑。料石的宽度、厚度均不宜小于 200 mm,长度不宜大于厚度的 4 倍。料石强度等级应不低于 M20。砂浆强度等级应不低于 M5。

(2)料石基础砌筑前,应清除基槽底杂物;在基槽底面上弹出基础中心线及两侧边线;在基础两端立起皮数杆,在两皮数杆之间拉准线,依准线进行砌筑。

(3)料石基础的第一皮石块应坐浆砌筑,即先在基槽底摊铺砂浆,再将石块砌上。所有石块应丁砌,以后各皮石块应铺灰挤砌,上下错缝,搭砌紧密,上下皮石块竖缝相互错开应不少于石块宽度的 1/2。料石基础立面组砌形式宜采用一顺一丁,即一皮顺石与一皮丁石相间。

(4)阶梯形料石基础,上阶的料石至少压砌下阶料石的 1/3,如图 4—3 所示。

料石基础的水平灰缝厚度和竖向灰缝宽度不宜大于 20 mm。灰缝中砂浆应饱满。

料石基础宜先砌转角处或交接处,再依准线砌中间部分,临时间断处应砌成斜槎。

5.质量标准

(1)一般规定

1)选用的石材必须符合设计要求,其材质必须质地坚实,无风

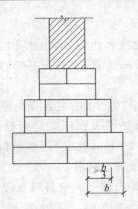

图 4—3　阶梯形料石基础

化剥落和裂纹。

2)料石表面的泥垢、水锈等杂质,砌筑前应清除干净。

3)料石基础砌体的灰缝厚度不宜大于 20 mm。

4)砂浆初凝后,如移动已砌筑的石块,应将原砂浆清理干净,重新铺浆砌筑。

5)砌筑料石基础的第一皮石块应采用丁砌层坐浆砌筑。

(2)主控项目

1)石材和砂浆的强度等级必须符合设计要求。

抽检数量:同一产地的石材至少应抽检一组。

检验方法:料石检查产品质量证明书;石材、砂浆检查试块试验报告。

2)砌体砂浆必须饱满密实,砂浆饱满度不应小于 80%。

抽检数量:每步架抽查不应少于 1 处。

检验方法:观察检查。

3)料石基础的轴线位置及垂直度允许偏差应符合表 4—2 的规定。

抽检数量:外墙基础,每 20 m 抽查 1 处,每处 3 延长米,且不应少于 3 处;内墙基础,按有代表性的自然间抽查 10%,且不少于 3 间,每间不应少于 2 处。

(3)一般项目

1)料石基础的一般尺寸允许偏差应符合表4—3的规定。

抽检数量:同上述(2)中③的有关抽检数量的规定。

表4—2　料石基础的轴线位置及垂直度允许偏差

项次	项　目		允许偏差(mm)		检验方法
			毛料石	粗料石	
1	轴线位置		20	15	用经纬仪和尺检查,或用其他测量仪器检查
2	墙面垂直度	每层全高	—	—	用经纬仪、吊线和尺检查或用其他测量仪器检查

表4—3　料石基础的一般尺寸允许偏差

项次	项　目	允许偏差(mm)		检验方法
		毛料石	粗料石	
1	基础顶面标高	±25	±15	用水准仪和尺检查
2	砌体厚度	+30	+15	用尺检查

注:砌完基础后,砌体轴线和标高偏差应在基础顶面进行校正。

2)料石基础的组砌形式应符合内外搭砌,上下错缝,拉结石、顶砌石交错设置的规定。

抽检数量:外墙基础,每20 m抽查1处,每处3延长米,但不应少于3处;内墙基础,按有代表性的自然间抽查10%,但不少于3间。

检验方法:观察检查。

【技能要点3】料石墙砌筑

1.料石墙的组砌形式

料石墙砌筑形式有以下几种,如图4—4所示。

(1)全顺叠砌。每皮均为顺砌石,上下皮竖缝相互错开1/2石长。此种砌筑形式适合于墙厚等于石宽时。

(2)丁顺叠砌。一皮顺砌石与一皮丁砌石相隔砌成,上下皮顺石与丁石间竖缝相互错开1/2石宽。这种砌筑形式适合于墙厚等

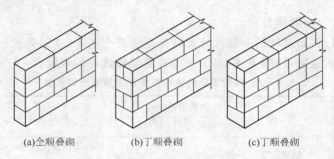

(a)全顺叠砌　　　　(b)丁顺叠砌　　　　(c)丁顺叠砌

图 4—4　料石墙砌筑形式

于石长时。

(3)丁顺组砌。同皮内每1～3块顺石与一块丁石相间砌成，上皮丁石坐中于下皮顺石，上下皮竖缝相互错开至少1/2石宽，丁石中距不超过2 m。这种砌筑形式适合于墙厚等于或大于两块料石宽度时。

料石还可以与毛石或砖砌成组合墙。料石与毛石的组合墙，料石在外，毛石在里；料石与砖的组合墙，料石在里，砖在外，也可料石在外，砖在里。

2.砌筑准备

(1)基础通过验收，土方回填完毕，并办完隐检手续。

(2)在基础丁面放好墙身中线与边线及门窗洞口位置线，测出水平标高，立好皮数杆。皮数杆间距以不大于15 m为宜，在料石墙体的转角处和交接处均应设置皮数杆。

(3)砌筑前，应将基础顶面的泥土、杂物等清除干净，并浇水润湿。

(4)拉线检查基础顶面标高是否符合设计要求。如第一皮水平灰缝厚度超过20 mm时，应用细石混凝土找平，不得用砂浆或在砂浆中掺碎砖或碎石代替。

(5)常温施工时，砌石前1 d应将料石浇水润湿。

(6)操作用脚手架、斜道以及水平、垂直防护设施应准备妥当。

3.砌筑要点

(1)料石砌筑前，应在基础顶面上放出墙身中线和边线及门窗洞口位置线,并抄平,立皮数杆,拉准线。

(2)料石砌筑前,必须按照组砌图将料石试排妥当后,才能开始砌筑。

(3)料石墙应双面拉线砌筑,全顺叠砌单面挂线砌筑。先砌转角处和交接处,后砌中间部分。

(4)料石墙的第一皮及每个楼层的最上一皮应丁砌。

(5)料石墙采用铺浆法砌筑。料石灰缝厚度为毛料石和粗料石墙砌体不宜大于20 mm,细料石墙砌体不宜大于5 mm。砂浆铺设厚度略高于规定灰缝厚度,其高出厚度为细料石3~5 mm,毛料石、粗料石宜为6~8 mm。

(6)砌筑时,应先将料石里口落下,再慢慢移动就位,校正垂直与水平。在料石砌块校正到正确位置后,顺石面将挤出的砂浆清除,然后向竖缝中灌浆。

(7)在料石和砖的组合墙中,料石墙和砖墙应同时砌筑,并每隔2~3皮料石用丁砌石与砖墙拉结砌合。丁砌石的长度宜与组合墙厚度相等,如图4—5所示。

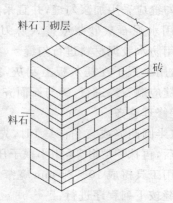

图4—5 料石和砖组合墙

(8)料石墙宜从转角处或交接处开始砌筑,再依准线砌中间部分。临时间断处应砌成斜槎,斜槎长度应不小于斜槎高度。料石墙每日砌筑高度不宜超过1.2 m。

4. 墙面勾缝

(1)石墙勾缝形式有平缝、凹缝、凸缝。凹缝又分为平凹缝、半圆凹缝;凸缝又分为平凸缝、半圆凸缝、三角凸缝,如图4—6所示。一般料石墙面多采用平缝或平凹缝。

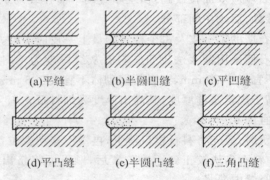

(a)平缝 (b)半圆凹缝 (c)平凹缝

(d)平凸缝 (e)半圆凸缝 (f)三角凸缝

图4—6　石墙勾缝形式

(2)料石墙面勾缝前要先剔缝,将灰缝凹入20～30 mm。墙面用水喷洒润湿,不整齐处应修整。

(3)料石墙面勾缝应采用加浆勾缝,并宜采用细砂拌制1:1.5水泥砂浆,也可采用水泥石灰砂浆或掺入麻刀(纸筋)的青灰浆。有防渗要求的,可用防水胶泥材料进行勾缝。

(4)勾平缝时,用小抿子在托灰板上刮灰,塞进石缝中严密压实,表面压光。勾缝应顺石缝进行,缝与石面齐平,勾完一段后,用小抿子将缝边毛槎修理整齐。

(5)勾平凸缝(半圆凸缝或三角凸缝)时,先用1:2水泥砂浆抹平,待砂浆凝固后,再抹一层砂浆,用小抿子压实、压光。稍停等砂浆收水后,用专用工具捋成10～25 mm宽窄一致的凸缝。

(6)石墙面勾缝按下列程序进行:

1)拆除墙面或柱面上临时装设的电缆、挂钩等物。

2)清除墙面或柱面上黏结的砂浆、泥浆、杂物和污渍等。

3)剔缝,即将灰缝刮深20～30 mm,不整齐处加以修整。

4)用水喷洒墙面或柱面使其润湿,随后进行勾缝。

(7)料石墙面勾缝应从上向下、从一端向另一端依次进行。

(8)料石墙面勾缝缝路顺石缝进行,且应均匀一致,深浅、厚度相同,搭接平整通顺。阳角勾缝两角方正,阴角勾缝不能上下直通。严禁出现丢缝、开裂或黏结不牢等现象。

(9)勾缝完毕,清扫墙面或柱面,表面洒水养护,防止干裂和脱落。

5.质量标准

(1)一般规定

1)选用的石材必须符合设计要求,其材质必须质地坚实,无风化、剥落和裂纹。用于清水墙、柱表面的石材,色泽应均匀。

2)料石表面的泥垢、水锈等杂质,砌筑前应清除干净。

3)料石墙砌体的灰缝厚度规定为毛料石和粗料石墙砌体不宜大于 20 mm,细料石墙砌体不宜大于 5 mm。

4)砂浆初凝后,如移动已砌筑的石块,应将原砂浆清理干净,重新铺浆砌筑。

5)料石墙上不得留设临时施工洞口和脚手眼。

6)料石挡土墙,当中间部分用毛石砌时,丁砌料石伸入毛石部分的长度不应小于 200 mm。

7)挡土墙的泄水孔当无设计规定时,施工应符合下列规定:

①泄水孔应均匀设置,在每米高度上间隔 2 m 左右设置一个泄水孔;

②泄水孔与土体间铺设长宽各为 300 mm、厚 200 mm 的卵石或碎石作疏水层。

8)挡土墙内侧回填土必须分层夯填,分层松土厚度应为300 mm。墙顶土面应有适当坡度,使流水流向挡土墙外侧面。

(2)主控项目

1)石材和砂浆的强度等级必须符合设计要求。

抽检数量:同一产地的石材至少应抽检一组。

检验方法:料石检查产品质量证明书,石材、砂浆检查试块试验报告。

2)砌体砂浆必须饱满密实,砂浆饱满度不应小于80%。

抽检数量:每步架抽查不应少于 1 处。

检验方法:观察检查。

3)料石墙体的轴线位置及垂直度允许偏差应符合表 4—4 的规定。

抽检数量:外墙,按楼层(或 4 m 高以内)每 20 m 抽查 1 处,每处 3 延长米,且不应少于 3 处;内墙,按有代表性的自然间抽查 10%,且不少于 3 间,每间不应少于 2 处。柱子不应少于 5 根。

表 4—4　料石墙体的轴线位置及垂直度允许偏差

项次	项　　目		允许偏差(mm)			检验方法
			毛料石	粗料石	细料石	
			墙	墙	墙、柱	
1	轴线位置		15	10	10	用经纬仪和尺检查,或用其他测量仪器检查
2	墙面垂直度	每层	20	10	7	用经纬仪、吊线和尺检查或用其他测量仪器检查
		全高	30	25	20	

（3）一般项目

1)料石墙体的一般尺寸允许偏差应符合表 4—5 的规定。

表 4—5　料石墙体的一般尺寸允许偏差

项次	项　　目		允许偏差(mm)			检验方法
			毛料石	粗料石	细料石	
			墙	墙	墙、柱	
1	墙体顶面标高		±15	±15	±10	用水准仪和尺检查
2	砌体厚度		+20 -10	+10 -5	+10 -5	用尺检查
3	表面平整度	清水墙柱	20	10	5	细料石用 2 m 靠尺和楔形塞尺检查,其他用两直尺垂直于灰缝拉 2 m 线和直尺检查
		混水墙柱	20	15		

续上表

项次	项　目	允许偏差（mm）			检验方法
		毛料石	粗料石	细料石	
		墙	墙	墙、柱	
4	清水墙水平灰缝平直度	—	10	5	拉 10 m 线和尺检查

注:砌完每一楼层后,砌体轴线和标高偏差应在楼面进行校正。

　　抽检数量:外墙,按楼层(或 4 m 高以内)每 20 m 抽查 1 处,每处 3 延长米,且不应少于 3 处;内墙,按有代表性的自然间抽查 10％,且不少于 3 间,每间不应少于 2 处;柱子不应少于 5 根。

　　2)料石墙体的组砌形式应符合内外搭砌,上下错缝,拉结石、丁砌石交错设置的规定。

　　抽检数量:外墙,按楼层(或 4 m 高以内)每 20 m 抽查 1 处,每处 3 延长米,且不应少于 3 处;内墙,按有代表性的自然间抽查 10％,且不少于 3 间。

　　检验方法:观察检查。

【技能要点 4】石柱砌筑

　　1.料石柱的形式

　　料石柱是用半细料石或细料石与水泥混合砂浆或水泥砂浆砌成的。

　　料石柱有整石柱和组砌柱两种。整石柱每一皮料石是整块的,即料石的叠砌面与柱断面相同,只有水平灰缝,无竖向灰缝。柱的断面形状多为方形、矩形或圆形。组砌柱每皮由几块料石组砌,上下皮竖缝相互错开,柱的断面形状有方形、矩形、T 形或十字形,如图 4—7 所示。

　　2.料石柱砌筑

　　(1)料石柱砌筑前,应在柱座面上弹出柱身边线,在柱座侧面弹出柱身中心线。

　　(2)整石柱所用石块其四侧应弹出石块中心线。

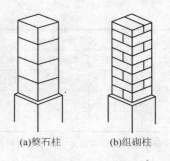

(a)整石柱　　　(b)组砌柱

图 4—7　料石柱

(3)砌整石柱时,应将石块的叠砌面清理干净。先在柱座面上抹一层水泥砂浆,厚约 10 mm,再将石块对准中心线砌上,以后各皮石块砌筑应先铺好砂浆,对准中心线,将石块砌上。石块如有竖向偏斜,可用铜片或铝片在灰缝边缘内垫平。

(4)砌筑料石柱时,应按规定的组砌形式逐皮砌筑,上下皮竖缝相互错开,无通天缝,不得使用垫片。

(5)灰缝要横平竖直。灰缝厚度:细料石柱不宜大于 5 mm;半细料石柱不宜大于 10 mm。砂浆铺设厚度应略高于规定灰缝厚度,其高出厚度为 3～5 mm。

(6)砌筑料石柱,应随时用线坠检查整个柱身的垂直,如有偏斜应拆除重砌,不得用敲击方法去纠正。

(7)料石柱每天砌筑高度不宜超过 1.2 m。砌筑完后应立即加以围护,严禁碰撞。

【技能要点 5】石过梁砌筑

石过梁有平砌式过梁、平拱和圆拱三种。

平砌式过梁用料石制作,过梁厚度应为 200～450 mm,宽度与墙厚相等,长度不超过 1.7 m,其底面应加工平整。当砌到洞口顶时,即将过梁砌上,过梁两端各伸入墙内长度应不小于 250 mm。过梁上续砌石墙时,其正中石块长度不应小于过梁净跨度的 1/3,其两旁应砌上不小于过梁净跨 2/3 的料石,如图 4—8 所示。

石平拱所用料石应按设计要求加工,如无设计规定时,则应加

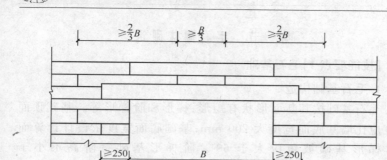

图4—8　平砌式石过梁(单位:mm)

工成楔形(上宽下窄)。平拱的拱脚处坡度以 60°为宜,拱脚高度为二皮料石高。平拱的石块应为单数,石块厚度与墙厚相等,石块高度为二皮料石高。砌筑平拱时,应先在洞口顶支设模板。从两边拱脚处开始,对称地向中间砌筑,正中一块锁石要挤紧。所用砂浆的强度等级应不低于 M10,灰缝厚度为 5 mm,如图4—9所示。砂浆强度达到设计强度70%时拆模。

石圆拱所用料石应进行细加工,使其接触面吻合严密,形状及尺寸均应符合设计要求。砌筑时应先在洞口顶部支设模板,由拱脚处开始对称地向中间砌筑,正中一块拱冠石要对中挤紧,如图4—10所示。所用砂浆的强度等级应不低于 M10,灰缝厚度为 5 mm。砂浆强度达到设计强度70%时方可拆模。

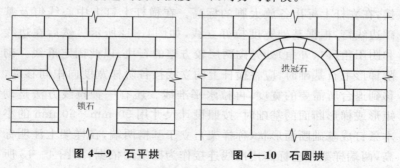

图4—9　石平拱　　　　图4—10　石圆拱

第二节　毛石砌体砌筑

【技能要点 1】毛石基础

1.毛石基础构造

毛石基础按其断面形状有矩形、梯形和阶梯形等。基础顶面宽度应比墙基底面宽度大 200 mm；基础底面宽度依设计计算而定。梯形基础坡角应大于 60°。阶梯形基础每阶高不小于 300 mm，每阶挑出宽度不大于 200 mm，如图 4—11 所示。

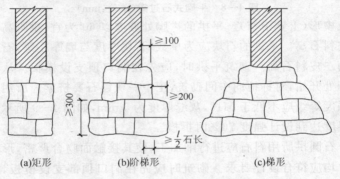

(a)矩形　　　　　(b)阶梯形　　　　　　　　(c)梯形

图 4—11　毛石基础(单位：mm)

2.立线杆和拉准线

在基槽两端的转角处，每端各立两根木杆，再横钉一木杆连接，在立杆上标出各放大脚的标高。在横杆上钉上中心线钉及基础边线钉，根据基础宽度拉好立线，如图4—12所示。然后在边线和阴阳角(内、外角)处先砌两层较方整的石块，以此固定准线。砌阶梯形毛石基础时，应将横杆上的立线按各阶梯宽度向中间移动，移到退台所需要的宽度，再拉水平准线。还有一种拉线方法是砌矩形或梯形断面的基础时，按照设计尺寸用 50 mm×50 mm 的小木条钉成基础断面形状(称样架)，立于基槽两端，在样架上注明标高，两端样架相应标高用准线连接作为砌筑的依据，如图 4—13 所示。立线控制基础宽窄，水平线控制每层高度及平整。砌筑时应采用双面挂线，每次起线高度以大放脚以上 800 mm 为宜。

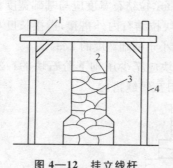

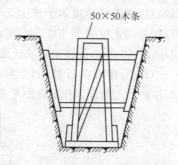

图4—12 挂立线杆 图4—13 断面样架(单位:mm)

1—横杆;2—准线;3—立线;4—立杆

3.砌筑要点

(1)砌第一皮毛石时,应选用有较大平面的石块,先在基坑底铺设砂浆,再将毛石砌上,并使毛石的大面向下。

(2)砌第一皮毛石时,应分皮卧砌,并应上下错缝,内外搭砌,不得采用先砌外面石块后中间填心的砌筑方法。石块间较大的空隙应先填塞砂浆,后用碎石嵌实,不得采用先摆碎石后塞砂浆或干填碎石的方法。

(3)砌筑第二皮及以上各皮时,应采用坐浆法分层卧砌。砌石时首先铺好砂浆,砂浆不必铺满,可随砌随铺,在角石和面石处,坐浆略厚些,石块砌上去将砂浆挤压成要求的灰缝厚度。

(4)砌石时搬取石块应根据空隙大小、槎口形状选用合适的石料先试砌试摆一下,尽量使缝隙减少,接触紧密。但石块之间不能直接接触形成干研缝,同时也应避免石块之间形成空隙。

(5)砌石时,大、中、小毛石应搭配使用,以免将大块都砌在一侧,而另一侧全用小块,造成两侧不均匀,使墙面不平衡而倾斜。

(6)砌石时,先砌里外两面,长短搭砌,后填砌中间部分,但不允许将石块侧立砌成立斗石,也不允许先把里外皮砌成长向两行(牛槽状)。

(7)毛石基础每0.7 m² 且每皮毛石内间距不大于2 m 设置一块拉结石,上下两皮拉结石的位置应错开,立面砌成梅花形。拉结石宽度：如基础宽度等于或小于 400 mm,拉结石宽度应与基础宽度相等；如基础宽度大于 400 mm,可用两块拉结石内外搭接,搭接长度不应小于 150 mm,且其中一块长度不应小于基础宽度的 2/3。

（8）阶梯形毛石基础,上阶的石块应至少压砌下阶石块的1/2,如图 4—14 所示；相邻阶梯毛石应相互错缝搭接。

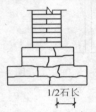

1/2石长

图 4—14　阶梯形毛石基础砌法

（9）毛石基础最上一皮,宜选用较大的平毛石砌筑。转角处、交接处和洞口处也应选用较大的平毛石砌筑。

（10）有高低台的毛石基础,应从低处砌起,并由高台向低台搭接,搭接长度不小于基础高度。

（11）毛石基础转角处和交接处应同时砌起。如不能同时砌起又必须留槎时,应留成斜槎,斜槎长度应不小于斜槎高度,斜槎面上毛石不应找平,继续砌时应将斜槎面清理干净浇水润湿。

4.质量标准

（1）一般规定

1）毛石基础的灰缝厚度不宜大于 20 mm。

2）砂浆初凝后,如移动已砌筑的石块,应将原砂浆清理干净,重新铺浆砌筑。

3）砌筑毛石基础的第一皮石块应坐浆,并将大面向下。

4）毛石基础的第一皮及转角处、交接处和洞口处,应用较大的平毛石砌筑；基础的最上一皮,宜用较大的毛石砌筑。

（2）主控项目

1）石材及砂浆强度等级必须符合设计要求,检查石材试验报告。

2)砂浆饱满度不应小于 80%；观察检查,每步架不少于 1 处。

3)石砌体的轴线位置允许偏差应符合表 4—6 的要求。

表 4—6　毛石基础轴线位置允许偏差

项　次	项　目	允许偏差（mm）	检验方法
1	轴线偏差	20	用经纬仪和尺检查,或用其他测量仪器检查

（3）一般项目

1)毛石砌体的一般尺寸允许偏差应符合表 4—7 的要求。

表 4—7　毛石砌体的一般尺寸允许偏差

项　次	项　目	允许偏差（mm）	检验方法
1	基础顶面标高	±25	用水准仪和尺检查
2	砌体厚度	+30	用尺检查

2)石砌体的组砌形式应符合下列规定：

①内外搭砌,上下错缝,拉结石、丁砌石交错设置；

②毛石墙拉结石每 0.7 m² 墙面不应少于 1 块。

【技能要点 2】毛石墙砌筑

1.砌筑准备

砌筑毛石墙应根据基础的中心线放出墙身里外边线,挂线分皮卧砌,每皮高约 250～350 mm。砌筑方法应采用铺浆法。用较大的平毛石,先砌转角处、交接处和门洞处,再向中间砌筑。砌前应先试摆,使石料大小搭配,大面平放,外露表面要平齐,斜口朝内,逐块卧砌坐浆,使砂浆饱满。石块间较大的空隙应先填塞砂浆,后用碎石嵌实。灰缝宽度一般控制在 20～30 mm 以内,铺灰厚度 40～50 mm。

2.砌筑要点

（1）砌筑时,石块上下皮应互相错缝,内外交错搭砌,避免出现重缝、空缝和孔洞。同时应注意合理摆放石块,不应出现如图4—15所示的砌石类型,以免砌体承重后发生错位、劈裂、外鼓等现象。

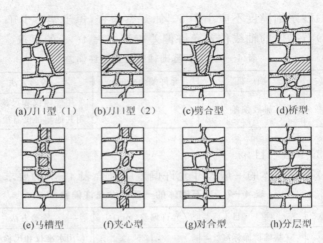

(a)刀刀型（1）　　(b)刀刀型（2）　　(c)劈合型　　　　(d)桥型

(e)马槽型　　　(f)夹心型　　　(g)对合型　　　(h)分层型

图 4—15　错误的砌石类型

（2）上下皮毛石应相互错缝，内外搭砌，石块间较大的空隙应先填塞砂浆，后用碎石嵌实。严禁采用先填塞小石块后灌浆的做法。墙体中不得有铁锹口石（尖石倾斜向外的石块）、斧刃石和过桥石（仅在两端搭砌的石块），如图 4—16 所示。

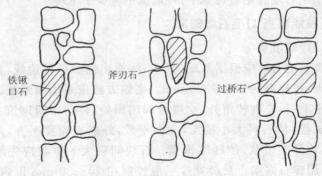

铁锹口石　　　　斧刃石　　　　过桥石

图 4—16　铁锹口石、斧刃石、过桥石示意

（3）毛石墙必须设置拉结石，拉结石应均匀分布，相互错开，一般每 0.7 m² 墙面至少设一块，且同皮内的中距不大于 2 m。墙厚等于或小于 400 mm 时，拉结石长度等于墙厚；墙厚大于 400 mm 时，可用两块拉结石内外搭砌，搭接长度不小于 150 mm，且其中一块长度不小于墙厚的 2/3。

　　(4)在毛石与实心砖的组合墙中,毛石墙与砖墙应同时砌筑,并每隔 4～6 皮砖用 2～3 皮砖与毛石墙拉结砌合,两种墙体间的空隙应用砂浆填满,如图 4—17 所示。

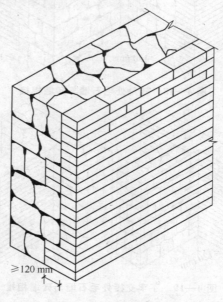

≥120 mm

图 4—17　毛石与砖组合墙

　　(5)毛石墙与砖墙相接的转角处和交接处应同时砌筑。在转角处,应自纵墙(或横墙)每隔 4～6 皮砖高度引出不小于 120 mm 的阳槎与横墙相接,如图 4—18 所示。在丁字交接处,应自纵墙每隔4～6 皮砖高度引出不小于 120 mm 与横墙相接,如图 4—19 所示。

　　(6)砌毛石挡土墙,每砌 3～4 皮为一个分层高度,每个分层高度应找平一次。外露面的灰缝厚度不得大于 40 mm,两个分层高度间的错缝不得小于 80 mm,如图 4—20 所示。毛石墙每日砌筑高度不应超过 1.2 m。毛石墙临时间断处应砌成斜槎。

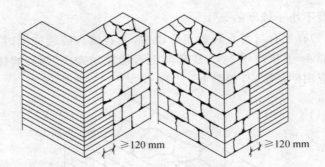

图 4—18　转角处毛石墙与砖墙相接

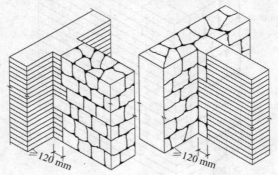

图 4—19　丁字交接处毛石墙与砖墙相接

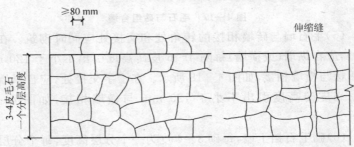

图 4—20　毛石挡土墙

3.质量标准

(1)一般规定

1)毛石墙体的灰缝厚度不宜大于 20 mm。

2)砂浆初凝后,如移动已砌筑的石块,应将原砂浆清理干净,重新铺浆。

3)毛石砌体的第一皮及转角处、交接处和洞口处,应用较大的平毛石砌筑。每个楼层(包括基础)砌体的最上一皮,宜选用较大的毛石砌筑。

(2)主控项目

1)毛石及砂浆强度等级必须符合设计要求。

2)砂浆饱满度不应小于80%。

3)毛石墙体的轴线位置及垂直度允许偏差应符合表4—8的规定。

表4—8　毛石墙体的轴线位置及垂直度允许偏差

项次	项　　目		允许偏差(mm)	检验方法
1	轴线位置		15	用经纬仪和尺检查,或用其他测量仪器检查
2	端面垂直度	每层	20	用经纬仪、吊线和尺检查或用其他测量仪器检查
		全高	30	

(3)一般项目

1)毛石墙体的一般尺寸允许偏差应符合表4—9的规定。

表4—9　毛石墙体的一般尺寸允许偏差

项次	项　　目	允许偏差(mm)	检验方法
1	毛石墙体顶面标高	±15	用经纬仪和尺检查,或用其他测量仪器检查
2	墙体厚度	+20、-10	用尺检查
3	墙、柱表面垂直度	20	用经纬仪、吊线和尺检查或用其他测量仪器检查

2)毛石墙体的组砌形式应符合下列规定:

①内外搭砌,上下错缝,拉结石交错设置;

②毛石墙拉结石每0.7 m² 墙面不应少于1块。

检查数量:外墙,按楼层(4 m高以内)每20 m抽查1处,每处

3 延长米,且不应少于 3 处;内墙,按有代表性的自然间抽查 10%,且不应少于 3 间。

检验方法:观察检查。

第三节 排水管道、窨井和化粪池的施工

【技能要点 1】管道铺设

1. 施工准备

施工准备主要包括材料、工具及作业条件的准备。在施工前应做好施工技术与施工安全交底工作,并做好测量定位放线工作。首先根据施工图放出窨井的中心桩,控制井的轴线和标高,然后在每根中心桩的两侧钉一对龙门桩,并编好号,把标高标在桩上。根据龙门板放出开槽线,以确保施工质量和施工安全。

2. 挖管沟与找坡

在做好各项准备工作之后,可进行管道挖沟与找坡。挖管沟是根据管道走向定位线和龙门板确定的下挖标高进行挖土,并要按土质情况确定放坡角度。管沟挖到一定深度后,要在两块龙门板之间拉通线,检查管沟与坡度的标高是否符合设计要求。待挖到规定标高后,要清理沟底剩余土,而且要将清理好的沟底夯实。

3. 浇筑垫层

一般下水管道的管沟采用混凝土垫层,管径较小时也可用碎石或碎砖经夯实作垫层。大的管沟混凝土垫层可能要支立模板,灌注混凝土时,要振捣密实、平整,找好纵向坡度,然后再弹好管子的就位线。

4. 铺管

铺管一般以两个窨井之间的距离作为一个工作段。铺管前应在两个窨井之间拉好准线,丈量其长度,确定管子数量,再将混凝土管排放在沟边,管子的就位应从低处向高处进行。下管时应注意管子承插口高的一端,且应根据垫层上已弹出的管线位置将管子对中接好。下管时应注意管子承插口的方向,管子就位时要根据垫层上面已弹好的位置线对中就位,在管子垫层两侧先用碎石

垫卡住,并在每节管子的承插口下面铺抹好水泥砂浆。铺管时,第一节管子应伸入窨井内,伸入的长度应视窨井壁厚度而定。一般应与窨井内壁齐平,不允许缩入窨井壁之内。管底标高要比流出的管子高 150 mm,比窨井底高 300 mm,以便清理污垢。当第二节管子插入第一节管子的承插口后,应按准线校正平直,并用1∶2.5的水泥砂浆将承插口内一圈全部嵌塞严密封好口,再在承插口处抹成环箍状,抹带的形式有圆弧形抹带和梯形抹带,如图 4—21 所示。以后各节管子的铺法都依此进行。为了保证管道铺设稳固,在每节管子都封口完成后,还要在管子的两侧用混凝土填实做成斜角。

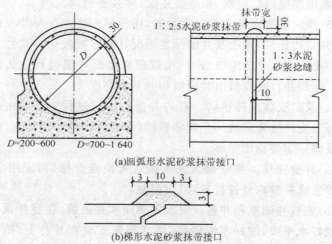

(a)圆弧形水泥砂浆抹带接口

(b)梯形水泥砂浆抹带接口

图 4—21　抹带形式(单位:mm)

　　管道严禁铺放在冻土和松土上,铺管过程中,要求管子接口填嵌密实,灰口平整光滑,养护要良好。

　　5.闭水试验

　　管道铺设完毕,并经窝管与养护后,要进行闭水试验。若发现有渗水一定要进行修补。

　　6.回填土

　　闭水试验完全符合要求后,即可进行回填土。回填土时,应注意不要将石块与碎渣之类一起填入,以免砸坏管子,也不利填实土层。回填土应在管子两侧同时对称进行,逐层夯实,用力均匀。回填土完成后的标高应比原地面高出 50～100 mm。

【技能要点 2】窨井的砌筑

(1)浇筑井的底板。砌筑窨井前,应用混凝土浇筑好窨井的底板,其浇筑方法与浇筑管沟垫层操作方法相同,只是没有坡度。当井较深且荷载较大时,井底板可做成钢筋混凝土板。

(2)井壁的砌筑。井壁砌筑通常为一砖厚,方井壁一般采用一顺一丁法砌筑,而圆井壁则多采用全丁砌筑。井壁砌筑一般不准留槎,四周围应同时砌筑,错缝要正确,砂浆要饱满。

(3)井的砌边收分。砌筑窨井时,还应根据窨井口与井底的直径(方井为边长)的大小及井的深度情况计算好收坡(分)尺寸。可定出一皮砖或几皮砖应收分多少,以便在砌筑井壁过程中边砌边收分。砌到井口时应留出井圈座和井盖的高度。

(4)及时安放爬梯铁脚。有的井壁在砌筑过程中还要由井底往上每五皮砖处要安放一个爬梯铁脚(事先要涂好防锈漆)。安放爬梯铁脚一定要稳固牢靠。

(5)井壁抹灰。井壁砌筑完毕经质量检查合格后,应用 1∶2 水泥砂浆将井壁内外抹好灰,以防渗漏。

(6)安放井圈座和井盖。安放井圈座和井盖前,在窨井顶面砖侧要找好水平线,铺好水泥砂浆,再将圈座安放在井身上,待砂浆终凝后,将井盖放入井圈座。经检查合格后,再在井圈座四周用水泥砂浆抹实压光。窨井砌筑完成后必须经过闭水试验。待试验合格后即可回填土。

【技能要点 3】化粪池的砌筑

(1)施工准备。施工准备工作包括材料、工具和作业条件准备。除准备砖、水泥、砂、石等材料和工具外,还应准备好井内爬梯铁脚、铸铁井圈座、井盖等。砌筑前要检查井坑挖土是否完成,校核井底中心线位置、直径尺寸和井底标高是否无误;铺设的管道是否已接到井位处等。上述准备工作完成后,便可进行化粪池的施工。

(2)浇筑底板。浇筑化粪池底板的混凝土应根据设计要求的强度等级和试验室的配合比进行拌制,搅拌时间不得少于 2 min,且每座化粪池底板都要制作一组混凝土试块。当底板浇筑混凝土厚度在 300 mm 以内时,应一次浇筑完成;当大于 300 mm 时最好分层进行浇筑。

(3)砌筑井壁墙体。化粪池的池壁砌筑与一般砖墙砌筑方法相同。化粪池砌筑前应将已浇筑好的底板表面清扫干净,弹出池壁位置线并浇水湿润。池壁墙体与隔墙(若不安放隔板时)应同时进行砌筑,不得留槎。砌筑过程中要按照皮数杆上的洞孔、管道位置和安放隔板的槽口位置预留。

砌筑化粪池墙体时,应先砌四周盘角并随时检查其垂直度,中间墙体砌筑要拉准线进行,以保证墙体平整度。墙体砌筑要求密实,砂浆饱满,水平灰缝砂浆饱满度不得小于 80%;外墙不得留槎,墙体上下错缝,无通缝。在砌筑过程中要特别注意根据皮数杆上预留洞孔的位置标记,在墙上按设计标高预留好规定的孔洞,这是化粪池砌筑的关键。化粪池内隔板的安装要嵌填牢固,如图4—22 所示。

(4)内外抹灰。在化粪池外池壁砌筑过程中,对外侧池壁要随砌随抹灰,池壁砌筑完成后,进行墙身抹灰。其抹灰应按普通抹灰进行,且抹灰的厚度和密实度要掌握好,内壁一般分三层抹灰。

(5)浇筑顶板或安装顶板。化粪池的顶板(或盖板)一般可为现浇混凝土(盖板也有采用板上留有检查井孔洞的预制盖板),顶板混凝土浇筑时,应留有检查井孔和出渣孔。当池壁砌筑完成并抹灰完毕后,即可进行顶板混凝土浇筑。检查井的砌筑是在化粪池的顶板浇筑完成盖好后进行的,其砌筑和抹灰方法与窨井相同。化粪池砌筑完成后应进行抗渗试验。当抗渗试验符合要求无渗漏后,才能回填土,且要分层夯实。

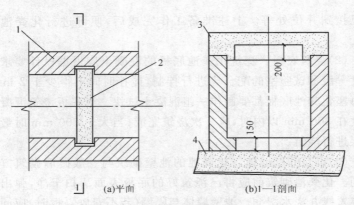

图 4—22　化粪池内隔板(单位:mm)

1—砖砌体;2—混凝土隔板;3—混凝土顶板;4—混凝土底板

第四节　地面的砌筑

【技能要点 1】地面构造层次

(1)面层:直接承受各种物理和化学作用的地面或楼面的表面层。

(2)结合层(黏结层):面层与下一构造层相联结的中间层,也可作为面层的弹性基层。

(3)找平层:在垫层、楼板上或填充层(轻质、松散材料)上起整平、找坡或加强作用的构造层。

(4)隔离层:具有防止建筑地面上各种液体(含油渗)或地下水、潮气渗透地面等作用的构造层。仅防止地下潮气渗透地面也可称作防潮层。

(5)填充层:在建筑地面上起隔声、保温、找坡或敷设管线等作用的构造层。

(6)垫层:承受并传递地面荷载于地基上的构造层。

【技能要点 2】地面砖铺砌施工要点

1.准备工作

(1)材料准备。砖面层和板块面层材料进场应做好材质的检查验收。查产品合格证,按质量标准和设计要求检查规格、品种和强度等级。按样板检查图案和颜色、花纹,并应按设计要求进行试拼。验收时对于有裂缝、掉角和表面有缺陷的板块,应予剔出或放在次要部位使用。品种不同的地面砖不得混杂使用。

(2)施工准备。地面砖在铺设前,要先将基层面清理冲洗干净,使基层达到湿润。砖面层铺设在砂结合层上之前,砂垫层和结合层应洒水压实,并用刮尺刮平。砖面层铺设在砂浆结合层上或沥青胶结料结合层上的,应先找好规矩,并按地面标高留出地面砖的厚度贴灰饼。拉基准线每隔 1 m 左右冲筋一道,然后刮素水泥浆一道,用 1∶3 水泥砂浆打底找平,砂浆稠度控制在 300 mm 左右,其水灰比宜为 0.4～0.5。找平层铺好后,待稍干即用刮尺板刮平整,再用木抹子打平整。对厕所、浴室的地面,应由四周向地漏方向做放射形冲筋、并找好坡度。铺时有的要在找平层上弹出十字中心线,四周墙上弹出水平标高线。

2.拌制砂浆

地面砖铺筑砂浆一般有以下几种。

1)1∶2 或 1∶2.5 水泥砂浆(体积比),稠度 25～35 mm,适用于普通砖、缸砖地面。

2)1∶3 干硬性水泥砂浆(体积比)以手握成团,落地开花为准,适用于断面较大的水泥砖。

3)M5 水泥混合砂浆,配比由试验室提供,一般用作预制混凝土块黏结层。

4)1∶3 白灰干硬性砂浆(体积比),以手握成团、落地开花为准,用作路面 250 mm×250 mm 水泥方格砖的铺砌。

3.摆砖组砌

地面砖面层一般依砖的不同类型和不同使用要求采用不同的摆砌方法。普通砖的铺砌形式有"直行"、"对角线"或"人字形"等,如图 4—23 所示。在通道内宜铺成纵向的"人字形",同时在边缘的一行砖应加工成 45°,并与地坪边缘紧密连接。铺砌时,相邻两行的错缝应为砖长度 1/3～1/2。水泥花砖各种图案颜色应按设计要求对色、拼花、编号排列,然后按编号码放整齐。

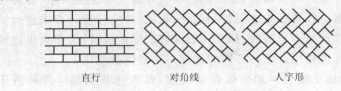

直行   对伯线   人字形

图 4—23 普通黏土砖铺地形式

缸砖、水泥砖一般有留缝铺贴和满铺砌法两种,应按设计要求确定铺砌方法。混凝土板块以满铺砌法铺筑,要求缝隙宽度不大于 6 mm。当设计无规定时,紧密铺贴缝隙宽度宜为 1 mm 左右;虚缝铺贴缝隙宽度宜为 5～10 mm。

4.普通砖、缸砖、水泥砖面层的铺砌

(1)在砂结合层上铺砌:按地面构造要求基层处理完毕,找平层结束后,即可进行砖面层铺砌。

1)挂线铺砌:在找平层上铺一层 15～20 mm 厚的黄砂,并洒水压实,用刮尺找平,按标筋架线,随铺随砌筑。砌筑时上楞跟线以保证地面和路面平整,其缝隙宽度不大于 6 mm,并用木锤将砖块敲实。

2)填充缝隙:填缝前,应适当洒水并将砖拍实整平。填缝可用细砂、水泥砂浆。用砂填缝时,可先用砂撒于路面上,再用扫帚扫入缝中。用水泥砂浆填缝时,应预先用砂填缝至一半的高度,再用水泥砂浆填缝扫平。

(2)在水泥或石灰砂浆结合层上铺筑。

1)找规矩、弹线:在房间纵横两个方向排好尺寸,缝宽以不大于 10 mm 为宜,当尺寸不足整块砖的位置时,可裁割半块砖用于边角处。尺寸相差较小时候,可调整缝隙。根据确定后的砖数和缝宽,在地面上弹纵横控制线,约每隔四块砖弹一根控制线,并严格控制方正。

2)铺砖:从门口开始,纵向先铺几行砖,找好规矩(位置及标高)以此为筋压线,从里面向外退着铺砖,每块砖要跟线。在铺设前,应将水泥砖浸水湿润,其表面无明水方可铺设。结合层和板块应分段同时铺砌。

　　铺砌时,先扫水泥浆于基层,砖的背面朝上,抹铺砂浆,厚度不小于 10 mm。砂浆应随铺随拌,拌好的砂浆应在初凝前用完。将抹好灰的砖码砌到扫好水泥浆的基层上,砖上楞要跟线,用木锤敲实铺平。铺好后,再拉线修正,清除多余砂浆。板块间、板块与结合层间,以及在墙角、镶边和靠墙边,均应紧密贴合,不得有空隙,亦不得在靠墙处用砂浆填补代替板块。

　　3)勾缝:面层铺贴应在 24 h 内进行擦缝、勾缝和压缝工作。缝的深度宜为砖厚的 1/3,擦缝和勾缝应采用同品种、同强度等级、同颜色的水泥。分缝铺砌的地面用 1∶1 水泥砂浆勾缝,要求勾缝密实,缝内平整光滑,深浅一致。满铺满砌法的地面,则要求缝隙平直,在敲实修好的砖面上撒干水泥面,并用水壶浇水,用扫帚将其水泥浆扫放缝内。亦可用稀水泥浆或 1∶1 稀水泥砂浆(水泥∶细砂)填缝。将缝灌满并及时用拍板拍振,将水泥浆灌实,同时修正高低不平的砖块。面层溢出的水泥浆或水泥砂浆应在凝结前予以清除,待缝隙内的水泥凝结后,再将面层清理干净。

　　4)养护:普通砖、缸砖、水泥砖面层如果采用水泥砂浆作为结合层和填缝的,待铺完砖后,在常温下 24 h 应覆盖湿润,或用锯末浇水养护,其养护不宜少于 7 d,并且 3 d 内不准上人。整个操作过程应连续完成,避免重复施工影响已贴好的砖面。

　　(3)在沥青胶结料结合层上铺筑。

　　1)砖面层铺砌在沥青胶结料结合层上与砂浆结合层上,其弹线、找规矩和铺砖等方法基本相同。所不同的是沥青胶结料要经加热(150 ℃～160 ℃)后才可摊铺。铺时基层应刷冷底子油或沥青稀胶泥,砖块宜预热,当环境温度低于 5℃时,砖块应预热到40℃左右。冷底子油刷好后,涂铺沥青胶结料,其厚度应按结合层要求稍增厚 2～3 mm,砖缝宽为 3～5 mm,随后铺砌砖块并用挤浆法把沥青胶结料挤入竖缝内,砖缝应挤严灌满,表面平整。砖上楞跟线放平,并用木锤敲击密实。

　　2)灌缝:待沥青胶结料冷却后铲除砖缝口上多余的沥青,缝内不足处再补灌沥青胶结料,达到密实。填缝前,缝隙应予以清理,并使之干燥。

5.混凝土大块板铺筑路面

(1)找规矩、设标筋:铺砌前,应对基层验收,灰土基层质量检验宜用环刀取样。如道路两侧须设路边侧石应拉线、挖槽、埋设混凝土路边侧石,其上口要求找平、找直。道路两头按坡向要求各砌一排预制混凝土块找准,并以此作为标筋,铺砌道路预制混凝土大块板。

(2)挂线铺砌:在已打好的灰土垫层上铺一层 25 mm 厚的 M5水泥混合砂浆,随铺浆随铺砌。上棱跟线以保证路面的平整,其缝宽不应大于 6 mm,并用木锤将预制混凝土块敲实,不得采用向底部填塞砂浆或支垫砖块的找平方法。

(3)灌缝:其缝隙用细干砂填充,以保证路面整体性。

(4)养护:一般养护 3~5 d,养护期间严禁开车重压。

【技能要点 3】铺筑乱石路面

1.材料要求和构造层次

乱石路面是用不整齐的拳头石和方片石,铺层材料一般为煤渣、灰土、石砂、石渣等。

2.摊铺垫层

在基层上,按设计规定的垫层厚度均匀摊铺砂或煤渣、灰土,经压实后便可铺排面层块石。

3.找规矩、设标筋

铺砌前,应先沿路边样桩及设计标高,定出道路中心线和边线控制桩。再根据路面和路的拱度和横断面的形状要求,在纵横向间距 2 m 左右见方设置标块石块,然后按线铺砌面石。

4.铺砌石块

铺砌一般从路的一端开始,在路面的全宽上同时进行。铺时,先选用较大的块石铺在路边缘上,再挑选适当尺寸的石块铺砌中间部分,要纵向往前铺砌。路边块石的铺砌进度,可以适当比路中块石铺砌进度超前 5~10 m。

铺砌块石的操作方法有顺铺法和逆铺法两种。顺铺法是人蹲在已铺砌好的块石面上,面向垫层边铺边前进,此种铺法,较难保证路面的横向拱度和纵向平整度,且取石操作不方便;逆铺法是人蹲在垫层上,面向已铺砌好的路面边铺边后退,此法较容易保证路面的铺砌质量。

　　要求砌排的块石,应将小头朝下,平整面、大面朝上,块石之间必须嵌紧,错缝,表面平整、稳固适用。

　　5.嵌缝压实

　　铺砌石块时除用手锤敲打铺实铺平路面外,还需在块石铺砌完毕后,嵌缝压实。铺砌拳石路面,第一次用石渣填缝、夯打,第二次用石屑嵌缝,小型压路机压实。方头片石路面用煤渣屑嵌缝,先用夯打,后用轻型压路机压实。

　　6.养护

　　乱石路面铺完后需养护 3 d,在此期间不得开放交通。

第五节　平瓦铺挂

【技能要点 1】平瓦屋面施工

　　1.施工准备

　　(1)技术条件准备

　　1)检查屋面基层防水层是否平整,有无破损,搭接长度是否符合要求,挂瓦条是否钉牢,间距是否正确。檐口挂瓦条是否满足檐瓦出檐 50~700 mm 的要求,检查无误后方可运瓦上屋面。

　　2)检查脚手架的牢固程序,搭设高度是否超出檐口 1 m 以上。

　　(2)材料准备

　　1)凡缺边、掉角、裂缝、砂眼、翘曲不平和缺少瓦爪的瓦不得使用,并准备好山墙、天沟处的半片瓦。

　　2)运瓦可利用垂直运输机械运到屋面标高,然后沿脚手分散到檐口各处堆放。向屋顶运输主要靠人工传递的方法,每次传递两块平瓦,分散堆放在坡屋面上,防止碰破防水层。

　　3)瓦在屋面上的堆放,以一垛九块均匀摆开,横向瓦堆的间距约为两块瓦长,坡向间距为两根瓦条,呈梅花状放置(俗称"一步九块瓦"),如图 4—24(a)所示。亦可每四根瓦条间堆放一行,开始先平摆 5～6 张瓦作为靠山,然后侧摆堆放(俗称"一铺四"),如图 4—24(b)所示。

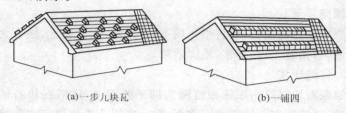

(a)一步九块瓦　　　　　　　　　　　(b)一铺四

图 4—24　平瓦堆放

2.铺瓦

(1)铺瓦的顺序是先从檐口开始到屋脊,从每块屋面的左侧山头向右侧山头进行。檐口的第一块瓦应拉准线铺设,平直对齐,并用钢丝和檐口挂瓦条拴牢。

(2)上下两楞瓦应错开半张,使上行瓦的沟槽在下行瓦当中。瓦与瓦之间应落槽挤紧,不能空搁,瓦爪必须勾住挂瓦条,随时注意瓦面、瓦楞平直。

(3)在风大地区、地震区或屋面坡度大于 30°的瓦屋面及冷摊瓦屋面,瓦应固定。每一排一般要用 20 号镀锌钢丝穿过瓦鼻小孔与挂瓦条扎牢。

(4)一般矩形屋面的瓦应与屋檐保持垂直,可以间隔一定距离弹垂直线加以控制。

3.天沟、戗角(斜脊)与泛水作法

(1)天沟和戗角(斜脊)处一般先试铺,然后按天沟走向弹出墨线编号,并把瓦片切割好,再按编号顺序铺盖。天沟的底部用厚度为 0.45～0.75 mm 的镀锌钢板铺盖,铺盖前应涂刷两道防锈漆,一般薄钢板应伸入瓦下面不少于 150 mm。瓦铺好以后用掺麻刀的混合砂浆抹缝,如图 4—25(a)所示。戗角(斜脊)也要按天沟做法弹线、编号、切割瓦片,待瓦片铺设好以后,再按做脊的方法盖上脊瓦,如图 4—25(b)所示。

(a)天沟　　　　　　　　(b)戗角

图 4—25　天沟及戗角(斜脊)

　　(2)山墙处的泛水,如果山墙高度与屋面平,则只要在山墙边压一行条砖,然后用 1∶2.5 水泥砂浆抹严实做出披水线;如果是高出屋面的山墙(高封山),其泛水做法如图 4—26 所示。

泛水抹成弧形

图 4—26　高封山泛水做法

　　4.做脊

　　铺瓦完成后,应在屋脊处铺盖脊瓦,俗称做脊。先在屋脊两端各稳上一块脊瓦,然后拉好通线,用水泥石灰麻刀砂浆将屋脊处铺满,先后依次扣好脊瓦。要求脊瓦内砂浆饱满密实,以防被风掀掉,脊瓦盖住平瓦的边必须大于 40 mm。脊瓦之间的搭接缝隙和脊瓦与平瓦之间的搭接缝隙,应用掺有麻刀的混合砂浆填实。

　　砂浆中可掺入与瓦颜色相近的颜料。屋脊和斜脊应平直,无起伏现象。

【技能要点2】小青瓦屋面施工

1. 小青瓦的屋面形式

小青瓦铺法分为阴阳瓦屋面和仰瓦屋面两种。阴阳瓦屋面是将仰瓦盖于仰瓦垄上[图4—27(a)];仰瓦屋面是全部用仰瓦铺成行列,垄上抹灰埂[图4—27(b)]或不抹灰埂[图4—27(c)]。

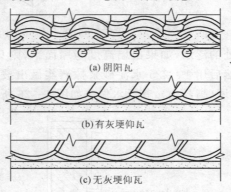

(a) 阴阳瓦

(b)有灰埂仰瓦

(c)无灰埂仰瓦

图 4—27　小青瓦屋面形式

2. 瓦的运送与堆放

小青瓦堆放场地应靠近施工的建筑物,瓦片立放成条形或圆形堆,高度以5～6层为宜,不同规格的小青瓦应分别堆放。瓦应尽量利用机具运到脚手架上,利用脚手架靠人力传递分散到屋面各处堆放。

小青瓦应均匀有次序地摆在椽子上,阴瓦和阳瓦分别堆放,屋脊边应多摆一些。

3. 铺筑要点

(1)铺挂小青瓦前,要先在屋架上钉檩条,在檩条上钉椽子,在椽子上铺苫席或苇箔、荆笆、望板等,然后铺苫泥背。小青瓦便铺设在苫泥背上,一般在铺前先做脊。

(2)小青瓦的屋脊有人字脊(采用平瓦的脊瓦)、直脊(瓦片平铺于屋脊上或竖直排列于屋脊,两端各叠一垛,作为瓦片排列时的靠山)与斜脊(瓦片斜立于屋脊上,左右与中间成对称)等几种。

做脊前,先按瓦的大小,确定瓦楞的净距(一般为 50～100 mm),事先在屋脊安排好。两坡仰瓦下面用碎瓦、砂浆垫平,将屋脊分档瓦楞窝稳,再铺上砂浆,平铺俯瓦 3～5 张。然后在瓦的上口再铺上砂浆,将瓦均匀地竖排(或斜立)于砂浆上,瓦片下部要嵌入砂浆中窝牢不动。铺完一段,用靠尺拍直,再用麻刀灰将瓦缝嵌密,露出砂浆抹光,然后可以铺列屋面小青瓦。

(3)铺瓦时,檐口按屋脊瓦楞分档用同样方法铺盖 3～5 张底盖瓦作为标准。

1)檐口第一张底瓦,应挑出檐口 50 mm 以利排水。

2)檐口第一张盖瓦,应抬高 20～30 m(2～3 张瓦高)。

其空隙用碎石、砂浆嵌塞密实,使整条瓦楞通顺平直,保持同一坡度,并用纸筋灰镶满抹平(俗称"扎口"),如图 4—28 所示。

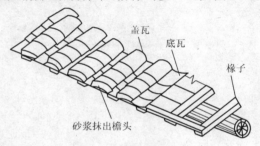

图 4—28　小青瓦屋面扎口

3)不论底瓦或盖瓦,每张瓦搭接不少于瓦长的 2/3(俗称"一搭三")要对称。

4)铺完一段,用 2 m 长靠尺板拍直,随铺随拍,使整楞瓦从屋脊到檐口保持前后整齐顺直。

5)檐口瓦楞分档标准做好后,自下而上,从左到右,一楞一楞地铺设,也可以左右同时进行。为使屋架受力均匀,两坡屋面应同时进行。

6)悬山屋面、山墙应多铺一楞盖瓦,挑出半张作为披水。硬山屋面用仰瓦随屋面坡度侧贴于墙上作泛水。冷摊瓦屋面,将底瓦直接铺在椽子上。

7)我国南方沿海一带,因台风关系,对小青瓦屋面的屋脊及悬山屋面的披水,用麻刀灰浆铺砌一皮顺砖,或再用纸筋灰刮糙粉光。仰俯瓦(即底盖瓦)搭接处用麻刀灰嵌实粉光。盖瓦每隔1 m左右用麻刀灰铺砌一块顺砖并与盖瓦缝嵌密实,相邻两行前后错开(俗称"压砖")。扎口与前述相同。

8)小青瓦屋面的斜沟与平瓦屋面的斜沟做法基本相同。在斜沟处斜铺宽度不小于500 mm的白铁或油毡,并铺成两边高中间低的洼沟槽,然后在白铁或防水卷材两边,铺盖小瓦(底瓦和盖瓦)。搭盖100～150 mm瓦的下面用混合砂浆填实压光,以防漏水。

9)屋面铺盖完后,应对屋面全面进行清扫,做到瓦楞整齐,瓦片无翘角破损和张口现象。

第五章　混合结构房屋砌筑施工

第一节　变形缝设置

【技能要点 1】沉降缝

(1)设置沉降缝是消除由于过大不均匀沉降对房屋造成危害的有效措施。

(2)沉降缝将建筑物从屋顶到基础全部断开,分成若干长高比小、整体刚度好的单元,保证各单元能独立沉降,而不致引起开裂。

(3)下列部位宜设沉降缝:

1)建筑平面的转折部位。

2)建筑物高度和荷载差异处(包括局部地下室边缘)。

3)过长建筑物的适当部位。

4)地基土的压缩性有显著差异处。

5)建筑物基础或结构类型不同处。

6)分期建造的房屋的交界处。

(4)对于一般软土地基上的沉降缝宽度可按如下所述设置:

1)2~3 层房屋,沉降缝宽度宜为 50~80 mm。

2)4~5 层房屋,沉降缝宽度宜为 80~120 mm。

3)5 层以上房屋,沉降缝宽度宜为 120 mm 以上。

(5)沉降缝的常规做法,如图 5—1 所示。

【技能要点 2】伸缩缝

(1)伸缩缝将过长的建筑物用缝分成几个长度较小的独立单元,使每个单元砌体因收缩和温度变形而产生的拉应力小于砌体的抗拉强度,从而防止和减少墙体竖向裂缝的产生。

(2)伸缩缝应设置在因温度和收缩变形可能引起应力集中、砌

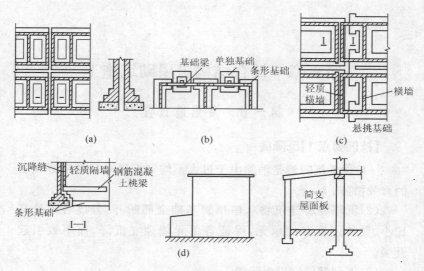

图 5—1 沉降缝常规做法

体产生裂缝可能性最大的部位。

（3）温度伸缩缝的间距见表 5—1。

表 5—1 砌体房屋伸缩缝的最大间距（单位：m）

序号	屋盖或楼盖类别		间距
1	整体式或整体装配式钢筋混凝土结构	有保温层或隔热层的屋盖或楼盖	50
		无保温层或隔热层的屋盖	40
2	装配式无檩体系钢筋混凝土结构	有保温层或隔热层的屋盖或楼盖	60
		无保温层或隔热层的屋盖	50
3	装配式有檩体系钢筋混凝土结构	有保温层或隔热层的屋盖	75
		无保温层或隔热层的屋盖	60
4	瓦材屋盖、木屋或楼盖、轻钢屋盖		100

（4）伸缩缝的设置注意如下事项：

1）对烧结普通砖、多孔砖、配筋砌块砌体取表 5—1 中数值。对石砌体、蒸压灰砂砖和混凝土砌块取表 5—1 中数值乘以 0.8 的系数。当有实践经验并采取有效措施时，可不遵守表 5—1 的规定。

2)在钢筋混凝土屋面上挂瓦的屋盖应按钢筋混凝土屋盖采用。

3)按表5—1设置的墙体伸缩缝,一般不能防止由于钢筋混凝土屋盖的温度变形和砌体干缩变形引起的局部裂缝。

4)屋高大于5m的单层房屋,其伸缩缝间距可取按表5—1数值乘以系数1.3的值。

5)温差较大且变化频繁地区和严寒地区不采暖的房屋及构筑物墙体的伸缩缝的最大间距,应按表5—1中数值予以适当减小。

6)墙体的伸缩缝应与结构的其他变形缝相重合,在进行立面处理时,必须保证缝隙的伸缩作用。

(5)伸缩缝的常规做法如图5—2所示。

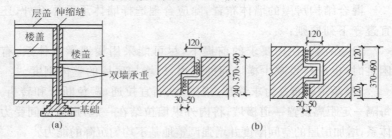

图5—2　伸缩缝常规做法(单位:mm)

【技能要点3】防震缝

(1)由于建筑体型的多样化,复杂和不规则的结构是难免的。用防震缝将结构分段,是把不规则结构变为若干较规则结构的有效方法。

(2)要满足罕遇地震时的变形要求,则需要防震缝很宽,将给立面处理及构造带来较大的困难,或由于设缝后使结构段过柔,带来碰撞和失稳的破坏。因此,一般应通过采用合理的平面形状和尺寸,尽量不设防震缝。对于特别不规则及质量和刚度分布相差悬殊的建筑,设防震缝时必须考虑足够的缝宽。当地基土质较差时,除考虑结构变形外,还应考虑由于不均匀沉降引起基础转动的影响。防震缝两侧楼板宜位于同一标高,防止楼板与柱相撞使柱子破坏。

（3）在下列情况下宜设置防震缝：

1）房屋立面高差在 6 m 以上。

2）房屋有错层，且楼板高差比较大。

3）各部分刚度、质量截然不同。

（4）防震缝的最小宽度。当房屋高度不超过 15 m 时，可采用 70 mm；当房屋高度超过 15 m 时，抗震设防 6 度、7 度、8 度和 9 度相应每增加高度 5 m、4 m、3 m 和 2 m，并加宽 20 mm。

第二节　墙体布置与构造要求

【技能要点 1】墙体布置

混合结构房屋的墙体布置，除应合理选择墙体承重体系外，还宜遵守下列原则：

（1）在满足使用要求的前提下，尽可能采用横墙承重体系，有困难时，也应尽量减少横墙间的距离，以增加房屋的整体刚度。

（2）承重墙布置力求简单、规则，纵墙宜拉通，避免断开和转折。每隔一定距离设置一道横墙，将内外纵墙拉结在一起，形成空间受力体系，增加房屋的空间刚度并增强调整地基不均匀沉降的能力。

（3）承重墙所承受的荷载力求明确，荷载传递的途径应简捷、直接。当墙体有门窗或各种管道的洞口时，应使各层洞口上下对齐，这有助于各层荷载的直接传递。

（4）结合楼盖、屋盖的布置，使墙体避免承受偏心距过大的荷载或过大的弯矩。

【技能要点 2】墙体的构造要求

1.耐久性措施

为保证砌体结构各部位具有比较均衡的耐久性等级，对处于受力较大或不利环境条件下的砌体材料，《砌体规范》规定了最低强度等级。对使用年限大于 50 年的砌体结构，其耐久性应该具有更高的要求。国外发达国家的砌体材料强度等级较高，对砌体房屋的耐久性要求也较高。

（1）五层及五层以上房屋的墙，以及受振动或层高大于 6 m 的墙、柱所用材料的最低强度等级，应符合下列要求：

1）砖采用 MU10。

2）砌块采用 MU7.5。

3）石材采用 MU30。

4）砂浆采用 M5。

（2）地面以下或防潮层以下的砌体，潮湿房间的墙，所用材料的最低强度等级应符合设计要求。

2.整体性措施

砌体结构房屋的整体性取决于砌体的整体性和砌体与非砌体构件连接的可靠程度。砌体的整体性由砌体块体的组砌搭接措施保证。而砌体与非砌体构件，主要由其间的传力、连接构造（如设置梁垫或垫梁、壁柱），以及锚固连接等措施保证。

（1）承重的独立砖柱，截面尺寸不应小于 240 mm×370 mm。

（2）墙体转角处、纵横墙的交接处应错缝搭砌，以保证墙体的整体性。对不能同时砌筑而又必须留置的临时间断处，应砌成斜槎，斜槎长度不宜小于其高度的 2/3。若条件限制，留成斜槎困难时，也可做成直槎，但应在墙体内加设拉结钢筋。每 120 mm 墙厚内不得小于 16 且每层不少于 2 根。沿墙高的间距不得超过 500 mm，埋入长度从墙的留槎处算起，每边均不小于 500 mm，末端做成 90°弯钩。

（3）跨度大于 6.0 m 的屋架和跨度大于 4.8 m 的梁，其支承面下的砖砌体，应设置混凝土或钢筋混凝土垫块（当墙中设有圈梁时，垫块与圈梁宜浇成整体）。

（4）对厚度 $h \leqslant 240$ mm 的砖砌体墙，当大梁跨度大于或等于 6 m 时，其支承处宜加设壁柱，或采取其他加强措施。

（5）预制钢筋混凝土板的支承长度，在墙上不宜小于 100 mm，在钢筋混凝土圈梁上不宜小于 80 mm；预制钢筋混凝土梁在墙上的支承长度，不宜小于 240 mm。

（6）支承在墙、柱上的屋架和吊车梁或放置在砖砌体上跨度大于或等于 9.0 m 的预制梁的端部,应采用锚固件与墙、柱上的垫块锚固。如图 5—3 所示为近年来大跨双 T 板的连接构造。

(7)山墙处的壁柱宜砌至山墙顶部。檩条或屋面板应与山墙锚固。采用砖封檐的屋檐,屋檐挑出的长度不宜超过墙厚的 1/2,每皮砖挑出长度应小于或等于一块砖长的 1/4~1/3。

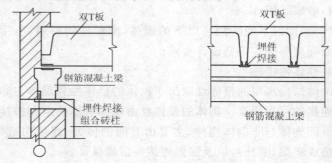

图 5—3　双 T 板、托梁与组合砖柱连接

(8)骨架房屋的填充墙及围护墙。通常作为自承重墙的骨架房屋的填充墙及围护墙,除满足稳定和自承重之外,从使用角度,还应具有承受侧向推力、侧向冲击荷载、吊挂荷载,以及主体结构的连接约束作用的能力。因此骨架填充墙及围护墙的材料强度等级不宜过低。与骨架或承重结构的连接,应视具体情况,采用柔性连接、半柔性或半刚性连接和刚性连接。对可能有振动或需抗震设防的骨架或结构的填充墙及围护墙宜优先选用柔性或半柔性连接。围护墙与骨架由钢筋连接。

3.砌体中留槽洞或埋设管道时应符合的规定

(1)不应在截面长边小于 500 mm 的承重墙体及独立柱中埋设管线。

(2)墙体中避免穿行暗线或预留、开凿沟槽,无法避免时应采取必要的加强措施或按削弱后的截面验算墙体的承载力。

4.多层砌体结构房屋中设置构造柱要求

(1)多层普通砖、多孔砖房,应按下列要求设置现浇钢筋混凝土构造柱。

1)构造柱设置部位,一般情况下应符合表5—2的要求。

表5—2　砖房构造柱设置要求

序号	项目				内　　容	
	房屋层数				设置部位	
	6度	7度	8度	9度		
1	4、5	3、4	2、3		外墙四角;错层部位横墙与外纵墙交接处;大房间内外墙交接处;较大洞口两侧	7、8度时,楼梯、电梯间的四角;隔15 m或单元横墙与外纵墙交接处
2	6、7	5	4	3		隔开间横墙(轴线)与外墙交接处,出墙与内纵墙交接处;7~9度时,楼梯、电梯间的四角
3	8	6、7	5、3	3、4		内墙(轴线)与外墙交接处,内墙的局部较小墙垛外;7~9度时,楼梯、电梯间的四角;9度时内纵墙与横墙(轴线)交接处

2)外廊式和单面走廊式的多层房屋,应根据房屋增加1层后的层数,设置构造柱,且单面走廊两侧的纵墙均应按外墙处理。

3)教学楼、医院等横墙较少的房屋,应根据房屋增加1层后的层数,设置构造柱。当教学楼、医院等横墙较少的房屋为外廊式或单面走廊式时,应按要求设置构造柱。但6度不超过4层、7度不超过3层和8度不超过2层时,应按增加2层后的层数对待。

(2)蒸压灰砂砖、蒸压粉煤灰砖房屋构造柱的设置要求,见表5—3。

表5—3　蒸压灰砂砖、蒸压粉煤灰砖房构造柱设置要求

序号	项目			内　　容
	房屋层数			设置部位
	6度	7度	8度	
1	4、5	3、4	2、3	外墙四角、楼(电)梯间四角、较大洞口两侧、大房间内外墙交接处

序号	项目			内　容
	房屋层数			设置部位
	6 度	7 度	8 度	
2	6	5	4	外墙四角、楼(电)梯间四角、较大洞口两侧、大房间内外墙交接处、由墙与内纵墙交接处、隔开间横墙(轴线)与外纵墙交接处
3	7	6	5	外墙四角、楼(电)梯间四角、较大洞口两侧、大房间内外墙交接处、各内墙(轴线)与外墙交接处;8 度时,内纵墙与横墙(轴线)交接处
4	8	7	6	较大洞口两侧、所有纵横墙交接处。且构造柱间距不宜大于 4.8 m

注:房屋的层高不宜超过 3 m。

构造柱的构造与配筋,如图 5—4～图 5—6 所示。

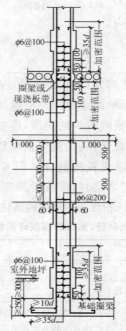

图 5—4　构造柱构造示意图(单位:mm)

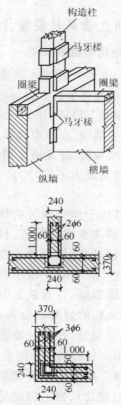

图 5—5　构造柱配筋纵剖面图(单位:mm)

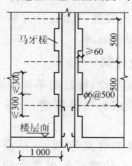

图 5—6　构造柱与砖墙连接(单位:mm)

第三节　防止或减轻裂缝开裂的措施

【技能要点 1】砌体结构裂缝的种类

(1)温度裂缝。主要由屋盖和墙体间温度差异变形应力过大产生的砌体房屋顶层两端墙体上的裂缝。如门窗洞边的正八字斜裂缝,平屋顶下或屋顶圈梁下沿砖(块)灰缝的水平裂缝及水平包角裂缝(含女儿墙)。这类裂缝,在所有块体材料的墙上均很普遍,即不论是低干缩性的烧结块材,还是高干缩性的非烧结类块材,裂缝形态无本质区别,仅有程度上不同,而且分布位置也较集中,多分布在房屋上层的两侧。

(2)干缩裂缝。主要由干缩性较大的块材,如蒸压灰砂砖、粉煤灰砖、混凝土砌块,随着含水率的降低,材料会产生较大的干缩变形。干缩变形早期发展较快,以后逐步变慢。但干缩后遇湿又会膨胀,脱水后再次干缩,但干缩值较小,约为第一次的 80% 左右。这类干缩变形引起的裂缝,在建筑上分布广、数量多,开裂的程度也较严重。最有代表性的裂缝是分布在建筑物底部 1~2 层窗台部位的垂直裂缝或斜裂缝,在大片墙面上出现的底部重上部较轻的竖向裂缝,以及不同材料和构件间差异变形引起的裂缝等。

(3)温度和干缩裂缝。墙体裂缝可能多数情况下由两种或多种因素共同作用所致,但在建筑物上仍能呈现出是以温度还是干缩为主的裂缝特征。

(4)其他原因引起的裂缝。如设计方案不合理、施工质量和监督失控也常是重要的裂缝成因。

【技能要点 2】裂缝控制

鉴于裂缝成因的复杂性,按目前条件尚难完全避免墙体开裂,只能使裂缝的程度减轻或无明显裂缝,故采用了"防止或减轻"墙体开裂的措施的用语。

墙体裂缝允许宽度的含义包括:一是裂缝对砌体的承载力和耐久性影响很少;二是人的感观的可接受程度。钢筋混凝土结构的裂缝宽度大于 0.3 mm 时,通常在美学上难以接受,砌体结构也不例外。尽管砌体结构的安全的裂缝宽度可以更大些。但是在住宅商品化的今天,砌体房屋的裂缝,不论是否为 0.3 mm,只要可见,已成为住户判别"房屋安全"的直观标准。

目前只有德国对砌体结构有成文的规定:对外墙或条件恶劣的部位的墙体,裂缝宽度不大于 0.2 mm,其他部位裂缝宽度不大于 0.3 mm。其他发达国家对裂缝控制的要求较高,但未对砌体裂缝宽度规定标准。因此如何面对砌体结构的裂缝,确实是一个较突出和需要认真对待的课题,需要引起足够的重视。

控制缝是个外来的概念。它不同于我国规定的双墙伸缩缝,而是针对高干缩性砌体材料,把较长的砌体房屋的墙体划分为若干个较小的区段,从 5～6 m 到 10 多米,这样可使由干缩、温度变形引起的应力或裂缝减小,从而达到可以控制的程度。它是对我国较长的传统的伸缩缝的必要补充。因为即使按这次规范修订后缩短的伸缩缝间距 30～40 m,也难以控制这类高干缩性材料砌体的裂缝。

但是在房屋某些部位的墙体上设置控制缝,防裂效果较好,而对房屋的整体受力性能影响很小,并可满足抗震设防的要求。这已被我国的理论分析和试验研究得到证实。

【技能要点 3】防止温度变化和砌体干缩变形引起的砌体房屋顶层墙体开裂的措施

(1)根据砌体房屋墙体材料和建筑体型、屋面构造选择适合的温度伸缩区段。

(2)屋面应设置有效的保温层或隔热层。

(3)采用装配式有檩体系钢筋混凝土屋盖或瓦材屋盖。

(4)屋面保温层或屋面刚性面层及砂浆找平层设置分隔缝,其间距不大于 6 m,并与女儿墙隔开,缝宽不小于 30 mm。

(5)在屋盖的适当部位设置分隔缝(图 5—7),间距不宜大于 20 m。

(6)当现浇混凝土挑檐或坡屋顶的长度大于 12 m,宜沿纵向设置分隔缝或沿坡顶脊部设置分隔缝(图 5—8),缝宽不小于 20 mm,缝内应用防水弹性材料嵌填。

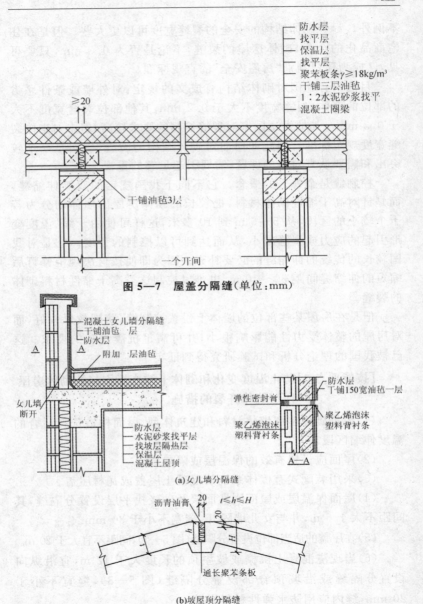

图 5—7　屋盖分隔缝(单位:mm)

(a)女儿墙分隔缝

(b)坡屋顶分隔缝

图 5—8　女儿墙、坡屋顶分隔缝(单位:mm)

（7）当房屋进深较大时,在沿女儿墙内侧的现浇板处设置局部分隔缝（图 5—9）,缝宽不小于 20 mm,缝内应用防水弹性材料嵌填。

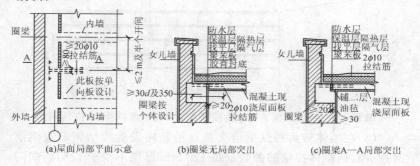

图 5—9　沿女儿墙屋盖处局部分隔缝（单位:mm）

（8）在混凝土屋面板与墙体圈梁间设置滑动层。滑动层可采用两层油毡夹滑石粉或橡胶片。对较长的纵墙可只在两端的 2～3 个开间内设置,对横墙可只在其两端各 1/4 墙长范围内设置。

（9）顶层屋面板下设置现浇混凝土圈梁,并沿内外墙拉通,房屋两端圈梁下的墙体内适当配置水平钢筋。

（10）顶层挑梁与圈梁拉通。当不能拉通时在挑梁末端下墙体内设置 3 道焊接钢筋网片（图 5—10）或 2ϕ6 钢筋,其从挑梁末端伸入两边墙体不小于 1 000 mm。

（11）在顶层门窗洞口过梁上的水平灰缝内设置 2～3 道焊接钢筋网片或 2ϕ6 钢筋,并应伸入过梁两端墙内不小于 600 mm。

（12）顶层墙体内适当增设构造柱。

（13）女儿墙应设构造柱,其间距不大于 4 m,构造柱应伸入女儿墙顶,并与现浇混凝土压顶梁浇在一起。

【技能要点 4】增强砌体抗裂能力的措施

（1）设置基础圈梁或增加其刚度。

（2）在底层窗台下砌体灰缝中设置 3 道 2ϕ4 焊接钢筋网片或 2ϕ6 钢筋;或采用现浇混凝土配筋带或窗台板,灰缝钢筋或配筋带不少于 3ϕ8 并应伸入窗间墙内不小于 600 mm。

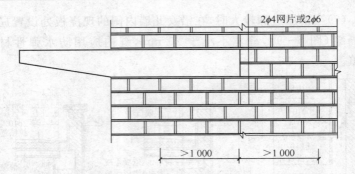

图 5—10　挑梁末端下墙体内设置 3 道焊接钢筋网片（单位：mm）

（3）在墙体转角和纵横墙交接处沿竖向设置拉结钢筋或钢筋网片。对砖砌体拉结筋的数量每 120 mm 厚墙不少于 1φ6，竖向间距不大于 500 mm；对砌块砌体拉结网片不小于 2φ4，竖向间距不大于 600 mm。拉结钢筋和钢筋网片埋入砌体的长度，从转角墙或交接墙内侧算起每边不小于 600 mm。

（4）对灰砂砖、粉煤砖砌体房屋尚宜在下列部位加强：

1）在各层门窗过梁上方的水平灰缝内及窗下第一和第二道水平灰缝内设置焊接钢筋网片或 2φ6 钢筋，其伸入两边窗间墙内不小于 600 mm。

2）当实体墙的长度大于 5 m，在每层墙高中部设置 2～3 道焊接钢筋网片或 3φ6 的通长水平钢筋，其竖向间距为 500 mm。

（5）对混凝土砌块砌体房屋尚宜在下列部位加强：

1）在门窗洞口两侧不少于一个洞口中设置不小于 1φ12 钢筋，钢筋应在楼层圈梁或基础梁锚固，并采用不低于 Cb20 混凝土灌实。

2）在顶层和底层设置通长钢筋混凝土窗台梁，窗台梁的高度宜为块高的模数，纵筋不少于 4φ10，箍筋 φ6@200、C20 混凝土，其他各层门窗过梁上方及窗台下的配筋有关的要求。

3）对实体墙的长度大于 5 m 的砌块，沿墙高 400 mm 配置不小于 2φ4 通长焊接网片，网片横向钢筋的间距为 200 mm，直径同主筋。

4）在门窗洞口两边墙体的水平灰缝中，设置长度不小于 900 mm，竖向间距为 400 mm 的 2φ4 焊接网片。

(6)灰砂砖、粉煤灰砖砌体宜采用黏结性好的砂浆,混凝土砌块应采用专用砂浆,其强度等级不宜低于 Mb10。

【技能要点 5】砌体墙设置竖向控制缝措施

(1)砌块砌体墙设置竖向控制缝的形式如图 5—11 所示。

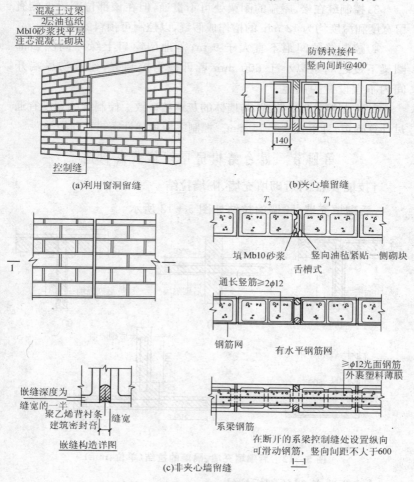

图 5—11 竖向控制缝的形式(单位:mm)

(2)竖向控制缝的间距与位置应符合下列要求:

1)在建筑物墙体高度或厚度突然变化处,在门窗洞口的一侧或两侧设置竖向控制缝;并宜在房屋阴角处设置控制缝。

2)对3层以下的房屋,应沿墙体的全高设置,对大于3层的房屋,可仅在建筑物的1~2层和顶层墙体的上列部位设置。

3)控制缝在楼、屋盖的圈梁处可不贯通,但在该部位圈梁外侧宜留宽度和深度均为12 mm的槽作成假缝,以控制可预料的裂缝。

4)控制缝的间距不宜大于9 m;落地门窗口上缘与同层顶部圈梁下皮之间距离小于600 mm者可视为控制缝;建筑物尽端开间内不宜设置控制缝。

5)控制缝可做成隐式,与墙体的灰缝相一致。控制缝的宽度宜通过计算确定,且不宜大于14 mm。控制缝应用弹性密封材料填缝。

第四节 混合结构房屋墙体节点构造

【技能要点1】后砌填充墙、隔墙拉结

后砌填充墙、隔墙的拉结如图5—12所示。

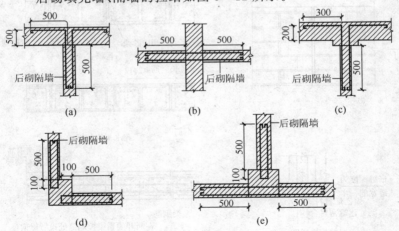

图5—12 后砌填充墙、隔墙的拉结(单位:mm)

【技能要点2】预制板拉结

预制板的拉结,如图5—13所示。

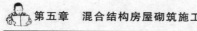

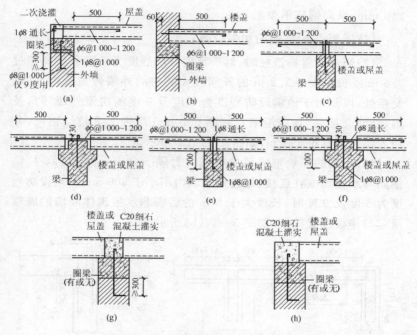

图 5—13　预制板的拉结（单位：mm）

【技能要点 3】砌体结构墙体间拉结

（1）同一结构单元内横墙错位数量不宜超过横墙总数的 1/3，且连续错位不宜多于两道；错位的墙体交接处应增设构造柱，且楼、屋面板应采用现浇钢筋混凝土板。

（2）横墙和内纵墙上洞口的宽度不宜大于 1.5 m；外纵墙上洞口的宽度不宜大于 2.1 m 或开间尺寸的一半；且内外墙上洞口位置不应影响内外纵墙与横墙的整体连接。

（3）所有纵横墙均应在楼、屋盖标高处设置加强的现浇钢筋混凝土圈梁；圈梁的截面高度不宜小于 150 mm，上下纵筋各不应少于 3ϕ10，箍筋不小于 ϕ6，间距不大于 300 mm。

（4）房屋底层和顶层的窗台标高处，宜设置沿纵横墙通长的水平现浇钢筋混凝土带；其截面高度不小于 60 mm，宽度不小于

240 mm,纵向钢筋不少于 3ϕ6。

【技能要点 4】横墙的加强措施

(1)当未设置构造柱时,对于地震设防烈度为 7 度且层高超过 3.6 m 或长度大于 7.2 m 的开间较大的房间外墙转角及内、外墙交接处,以及对于地震设防烈度为 8 度及 9 度的房屋外墙转角及内、外墙交接处,均应沿墙高每隔 500 mm 配置 2ϕ6 拉结钢筋,并伸入墙内不宜小于 1 m,如图 5—14(a)所示。

(2)后砌的非承重隔墙应沿墙高每隔 500 mm 配置 2ϕ6 拉结钢筋与承重墙或柱连接,每边伸入墙内不小于 500 mm。当设防烈度为 8 度及 9 度时,长度大于 5 m 的后砌非承重砌体隔墙的墙顶尚应与楼板或梁拉结,如图 5—14(b)所示。

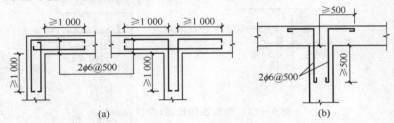

(a)　　　　　　　　　　　(b)

图 5—14　横墙的加强措施示意(单位:mm)

(3)设防烈度为 8 度和 9 度时,顶层楼梯间和外墙宜沿墙高每隔 500 mm 设 2ϕ6 通长钢筋,设防烈度为 9 度时其他各层楼梯间可在休息平台或楼层半高处设置 600 mm 厚的配筋砂浆带,砂浆强度等级不宜低于 M5,钢筋不宜少于 2ϕ10。

(4)突出屋顶的楼、电梯间的内外墙交接处,应沿墙高每隔 500 mm 设 2ϕ6 拉结钢筋,且每边伸入墙内不应小于 1 m。

【技能要点 5】墙与钢筋混凝土预制板连接

墙与钢筋混凝土预制板的连接,如图 5—15 所示。

【技能要点 6】砌体墙搁置在钢筋混凝土板上的加固措施

砌体墙搁置在钢筋混凝土板上的加固措施,如图 5—16 所示。

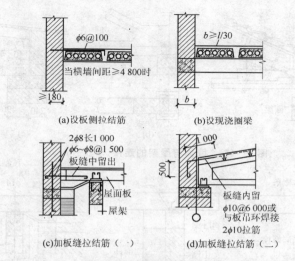

(a)设板侧拉结筋　(b)设现浇圈梁

(c)加板缝拉结筋（一）　(d)加板缝拉结筋（二）

图 5—15　墙与钢筋混凝土板连接示意（单位：mm）

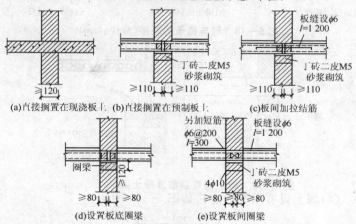

(a)直接搁置在现浇板上　(b)直接搁置在预制板上　(c)板间加拉结筋

(d)设置板底圈梁　(e)设置板间圈梁

图 5—16　砌体墙搁置在钢筋混凝土板上的加固措施（单位：mm）

【技能要点7】墙体与构件的连接

（1）墙体与屋架的连接如图 5—17 所示。

（2）墙体与檩条的连接如图 5—18 所示。

（3）墙上搁置钢筋混凝土梁的做法如图 5—19 所示。

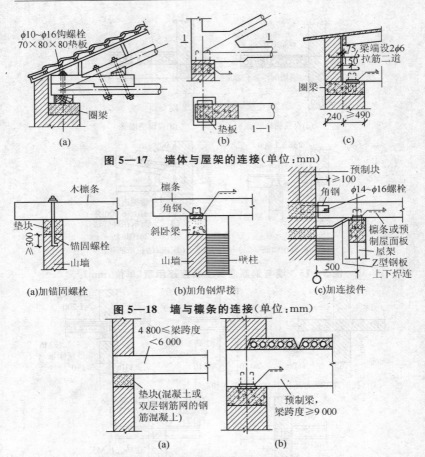

图 5—17   墙体与屋架的连接(单位:mm)

图 5—18   墙与檩条的连接(单位:mm)

图 5—19   墙上搁置钢筋混凝土梁(单位:mm)

(4)墙上设有吊车的连接如图 5—20 所示。

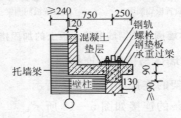

图 5—20   墙上设有吊车的连接(单位:mm)

【技能要点 8】构造柱与墙的连接

1. L 形墙

构造柱与 L 形墙的连接如图 5—21 所示。

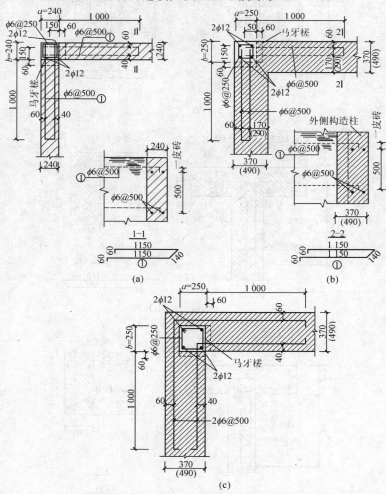

图 5—21　构造柱与 L 形墙的连接(单位：mm)

2. T 形墙

构造柱与 T 形墙的连接如图 5—22 所示。

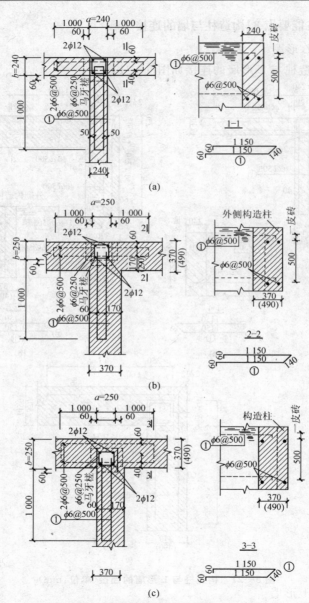

图 5—22 构造柱与 T 形墙的连接(单位:mm)

【技能要点9】构造柱与十字形墙的连接

构造柱与十字形墙的连接,如图5—23所示。

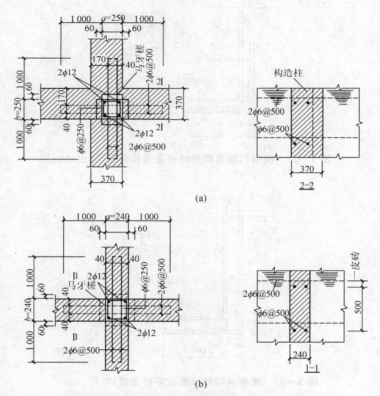

(a)

(b)

图5—23　构造柱与十字形墙的连接(单位:mm)

【技能要点10】楼梯间墙体构造

(1)楼梯间横墙和外墙设置通长钢筋,如图5—24所示。

(2)楼梯间墙体设置配筋砂浆带,如图5—25所示。

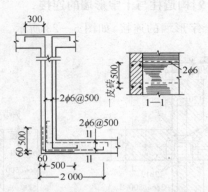

图 5—24 楼梯间横墙和外墙设置通长钢筋(单位:mm)

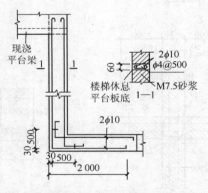

图 5—25 楼梯间墙体设置配筋砂浆带(单位:mm)

【技能要点 11】节点处构造柱与圈梁的连接

1. T 形节点

T 形节点处构造柱与圈梁的连接如图 5—26 所示。

2. L 形节点

L 形节点处构造柱与梁的连接,如图 5—27 所示。

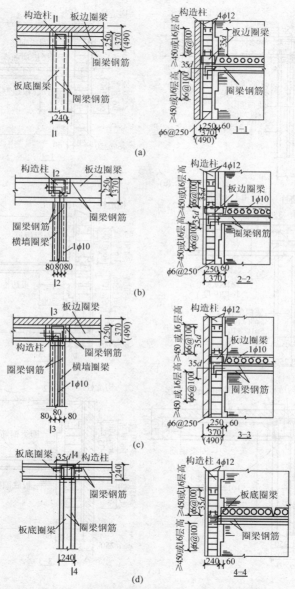

图 5—26　T 形节点处构造柱与圈梁的连接（单位：mm）

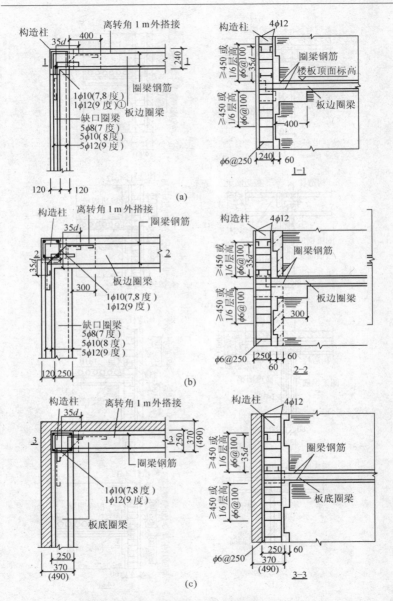

图 5—27 L 形节点处构造柱与圈梁的连接（单位：mm）

【技能要点 12】构造柱与梁的现浇接头

（1）墙内侧构造柱与预制装配式横梁的现浇接头，如图 5—28 所示。

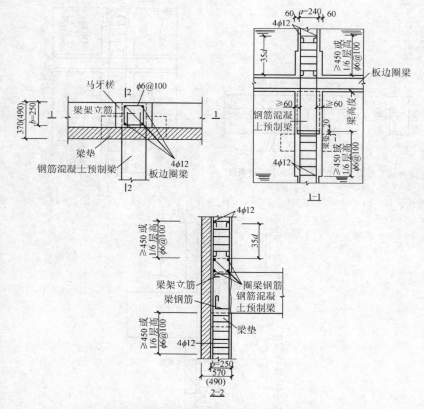

图 5—28　墙内侧构造柱与预制装配式横梁的现浇接头（单位：mm）

（2）墙外侧构造柱与预制装配式横梁的现浇接头，如图 5—29 所示。

（3）墙内侧构造柱与现浇钢筋混凝土横梁的现浇接头，如图 5—30 所示。

（4）墙外侧构造柱与现浇钢筋混凝土横梁的现浇接头，如图 5—31 所示。

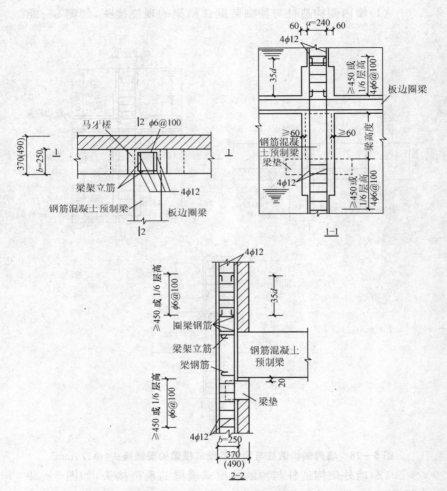

图 5—29 墙外侧构造柱与预制装配式横梁的现浇接头(单位：mm)

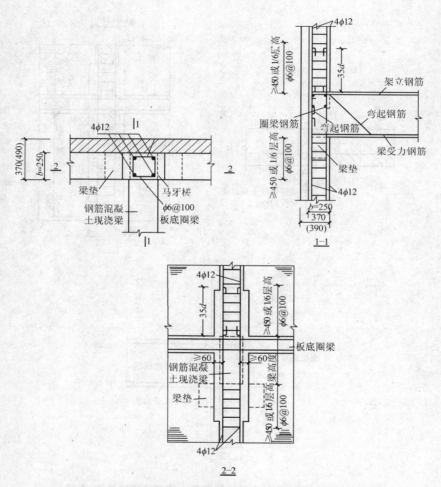

图 5—30　墙内侧构造柱与现浇钢筋混凝土横梁的现浇接头（单位：mm）

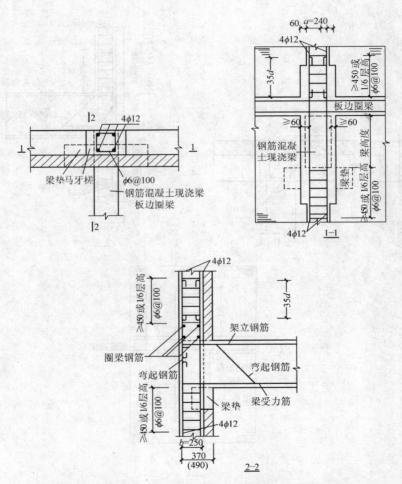

图 5—31 墙外侧构造柱与现浇钢筋混凝土横梁的现浇接头（单位：mm）

第六章 季节性施工

第一节 冬期施工

【技能要点1】材料要求

(1)冬期施工所用材料应符合下列规定:

1)石灰膏、电石膏等应防止受冻,如遭冻结,应经融化后使用;

2)拌制砂浆用砂,不得含有冻块和大于 10 mm 的冻结块;

3)砌体用砖或其他块材不得遭水浸冻。

(2)冬期施工砂浆试块的留置,除应按常温规定要求外,尚应增留不少于 1 组与砌体同条件养护的试块,测试检验 28 d 强度。

(3)砖石材料。冬期施工砖石材料除应达到国家标准要求外,还应符合表 6—1 的要求。

表6—1 冬期施工砖石材料的要求

序号	材料名称		吸水率(%)	要　　求
1	普通黏土砖	实心	≤15	应清除表面污物及冰、霜、雪等
		空心		遇水浸泡后受冻的砖、砌块不能使用
2	黏土质砖	实心	≤8	砌筑时,当室外气温高于 1℃,普通黏土砖可适当浇水,但不宜过多,一般以表面吸进 10 mm 为宜,且随浇随用
		空心		
3	小型空心砌块	—	3	
4	加气混凝土砌块	—	70	
5	石材		≤5	应清除表面污物及冰、霜、雪等

注:1. 黏土质砖指粉煤灰砖、煤矸石砖等。

　　2. 小型空心砌块指硅酸盐质砌块。

　　3. 普通砖、多孔砖和空心砖在气温高于 0℃ 条件下砌筑时,应浇水润湿。在气温低于、等于 0℃ 条件下砌筑时,可不浇水,但必须增大砂浆稠度。抗震设防烈度为 9 度的建筑物,普通砖、多孔砖和空心砖无法浇水润湿时,如无特殊措施,不得砌筑。

（4）防冻剂。砌筑时砂浆使用的防冻剂分单组分及复合产品。单组分材料的质量要求应符合相应的国家标准。复合产品应使用经省、市级以上部门鉴定并认证的产品，其质量要求见厂家产品说明书。

（5）微沫剂。使用的微沫剂应是经省、市以上部门鉴定并认证的产品。主要指标为 pH 值在 7.5～8.5 之间；有效成分≥75％；游离松香含量≤10％；0.02％水溶液起泡率＞350％；1.0％水溶液起泡高度 80～90 mm；消泡时间大于 7 d。微沫剂的掺量一般为水泥用量的 0.005％～0.010％（微沫剂按 100％纯度计）。使用微沫剂宜用不低于 70 ℃的热水配制溶液，按规定浓度溶液投入搅拌机中搅拌砂浆时，搅拌时间不少于 3 min。拌制的溶液不得冻结。

（6）砌体冬期施工防冻剂宜优先选用单组分氯盐类外加剂（如氯化钠、氯化钙）。当气温不太低时，可采用单掺氯化钠，当温度低于－15 ℃以下时，可采用双掺盐（氯化钠和氯化钙）。氯盐砂浆的掺盐量应符合表 6—2 的规定。

表 6—2　氯盐砂浆掺盐量（占用水量的百分率）（单位：％）

盐及砌体材料种类			日最低气温（℃）			
			≥－10	－15～－11	－20～－16	＜－20
单盐	氯化钠	砖、砌	3	5	7	－
		块石	4	7	10	－
双盐	氯化钠 氯化钙	砖、砌块	－	－	5	7
					2	3

注：1. 掺盐量以无水氯化钠和氯化钙计。

2. 如有可靠试验依据，也可适当增减盐类的掺量。

3. 日最低气温低于－20℃时，砌石工程不宜施工。

【技能要点 2】冻结法施工

（1）施工中宜采取水平分段施工，有利于合理安排施工工序，进行分期施工，以减少建筑物各部分不均匀沉降和满足砌体在解冻时的稳定要求。

（2）砌筑的墙体不宜昼夜连续作业和集中大量人力突击作业。要求每天的砌筑高度和临时间断处的高度差均不大于 1.20 m，且间断处的砌体应做成阶梯式，并埋设 φ6 拉结筋，其间距不超过 8 皮砖，拉结筋伸入砌体两边不应小于 1.0 m。

（3）采用冻结法施工时，砌筑前应先测定所砌部位基面标高误差，通过调整灰缝厚度来调整砌体高度的误差，砌体的水平灰缝应控制在 10 mm 以内。

（4）在接槎处调整同一墙面标高和同一水平灰缝误差时，可采用提缝和压缝的办法。砌筑时注意灰缝均匀和砂浆饱满密实。标高误差分配在同一步架的各层砖的水平灰缝中，要求逐层调整控制，不允许集中分配的不均匀做法。接槎砌筑时，应仔细清理接槎部位的残留冰雪或已经冻结的砂浆。在进行接槎砌筑时，砂浆必须密实饱满，水平灰缝的砂浆饱满度不得低于 80%。

（5）墙体砌筑过程中，为了达到灰缝平直、砂浆饱满和墙面垂直及平整的要求，砌筑时必须做到皮上跟线、三皮一吊、五皮一靠，并还要随时目测检查，发现偏差及时纠正，保证墙体砌筑质量。对超过五皮的砌体，如发现歪斜，不准敲墙、砸墙或撬墙，必须拆除重砌。

（6）在墙和基础的砌体中，不允许留设未经设计同意的水平槽和斜槽。留置在砌体中的洞口、沟槽等，宜在解冻前填砌完毕。

（7）冻结法砌筑的墙体，在解冻前要进行检查，解冻过程中应组织观测，必要时还需进行临时加固处理，以提高砖石结构的整体稳定性和承载能力。但临时加固不得妨碍砌体的自然沉降，或使砌体的其他部分受到附加荷载作用。在砌体解冻后，砂浆硬化初期，临时加固件应继续留置，时间不少于 10 d。

（8）冻结法砌筑的砌体在解冻过程中，当发现砌体有超应力变形（如不均匀沉降、裂缝、倾斜、鼓起等）现象时，应分析变形发生的原因，并立即采取措施，以消除或减弱其影响。

（9）在解冻期进行人工观测时，应特别注意观测多层房屋下层的柱和窗间墙、梁端支撑处、墙的交接处和梁模板支撑处等地方。

此外还必须观测砌体的沉降大小、方向和均匀性,以及砌体灰缝内砂浆的硬化情况。

(10)观测应在整个解冻期内不间断地进行,根据各地气温状况不同,一般不应少于 15 d。

【技能要点 3】暖棚法施工

(1)采用暖棚法施工,棚内的温度要求一般不低于 5 ℃。

(2)在暖棚法施工之前,应根据现场实际情况,结合工程特点,制订经济、合理、低耗、适用的方案措施,编制相应的材料进场计划和作业指导书。

(3)采用暖棚法施工时,对暖棚的加热优先采用热风机装置。如利用天然气、焦炭炉或火炉等加热时,施工时应严格注意安全防火及煤气中毒。对暖棚的热耗应考虑围护结构的热量损失。

(4)采用暖棚法施工,搭设的暖棚要求坚实牢固,并要齐整且不过于简陋。出入口最好设一个,并设置在背风面,同时做好通风屏障,并用保温门帘。

(5)施工中应做好同条件砂浆试块制作与养护,并同时做好测温记录。

【技能要点 4】质量标准

1. 主控项目

(1)石灰膏、电石膏等应防止受冻,如遭冻结,应经融化后使用。

(2)拌制砂浆用砂,不得含有冰块和大于 10 mm 的冻结块。

(3)砌体用砖或其他块材不得遭水浸冻。

(4)拌和砂浆时,水的温度不得超过 80 ℃,砂的温度不得超过 40 ℃,砂浆稠度宜较常温适当增大。

(5)外加剂的使用按设计要求或按有关规定使用。

(6)冬期低温下砌筑墙柱,收工时表面应用草垫、塑料薄膜做适当覆盖保温,防止冻坏墙体。

(7)冬期施工的砌体,应按"三一"砌砖法施工,灰缝不应大于 10 mm。

2.一般项目

(1)基土无冻胀性时,基础可在冻结的地基上砌筑;基土有冻胀性时,应在未冻的地基上砌筑。在施工期间和回填土前,均应防止地基遭受冻结。

(2)普通砖、多孔砖和空心砖在气温高于 0 ℃条件下砌筑时,应浇水润湿。在气温低于或等于 0 ℃条件下砌筑时,可不浇水,但必须增大砂浆稠度。抗震设防烈度为 9 度的建筑物,普通砖、多孔砖和空心砖无法浇水润湿时,如无特殊措施,不得砌筑。

(3)搅拌砂浆的出罐温度宜控制在 15 ℃以上。其使用温度应符合下列规定:

1)采用掺外加剂法时,不应低于 5 ℃;

2)采用氯盐砂浆法时,不应低于 5 ℃;

3)采用暖棚法时,不应低于 5 ℃;

4)采用冻结法,当室外空气温度分别为 -10 ℃~0 ℃、-25 ℃~-10 ℃、-25 ℃ 以下时,砂浆使用最低温度分别为 10 ℃、15 ℃、20 ℃。

(4)用暖棚法施工时,要求砖石或砂浆的温度均不应低于 5 ℃,而距离所砌的结构底面 500 mm 处的棚内温度也不应低于 5 ℃。

(5)在暖棚内的砌体,养护时间应根据暖棚内的温度按表6—3确定,同时暖棚内应保持一定湿度,以利于砌体强度的增加。

表 6—3　暖棚法砌体的养护期限

暖棚的温度(℃)	5	10	15	20
养护时间(d)	≥6	≥5	≥4	≥3

(6)在冻结法施工的解冻期间,应经常对砌体进行观测和检查,如发现裂缝、不均匀下沉等情况,应立即采取加固措施。

(7)当采用掺盐砂浆法施工时,宜将砂浆强度等级按常温施工的强度等级提高一级。

(8)配筋砌体不得采用掺盐砂浆法施工。

第二节　雨期施工

【技能要点1】材料要求

(1)砌块的品种、强度必须符合设计要求,并应规格一致;用于清水墙、柱表面的砌块,应边角整齐、色泽均匀;砌块应有出厂合格证明及检验报告;中小型砌块尚应说明制造日期和强度等级。

(2)水泥的品种与强度等级应根据砌体的部位及所处环境选择,一般宜采用32.5级普通硅酸盐水泥、矿渣硅酸盐水泥;有出厂合格证明及检验报告方可使用;不同品种的水泥不得混合使用。

(3)砂宜采用中砂,不得含有草根等杂物。配制水泥砂浆或水泥混合砂浆的强度等级≥M5时,砂的含泥量≤5%;强度等级<M5时,砂的含泥量≤10%。

(4)应采用不含有害物质的洁净水。

(5)掺和料:

1)石灰膏。熟化时间不少于7 d,严禁使用脱水硬化的石灰膏。

2)黏土膏。以使用不含杂质的黄黏土为宜;使用前加水淋浆,并过6 mm孔径的筛子,沉淀后方可使用。

筛子简介

筛子(图6—1)。用来筛砂,筛孔直径有4 mm、6 mm、8 mm等数种。筛细砂可用铁纱窗钉在小木框上制成小筛。

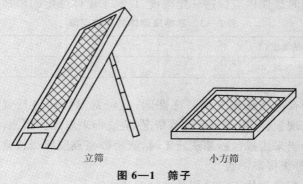

立筛　　　　　　　　　　　小方筛

图6—1　筛子

3)其他掺和料。电石膏、粉煤灰等掺量应由试验部门试验决定。

（6）对木门、木窗、石膏板、轻钢龙骨等以及水泥等怕雨淋的材料，应采取有效措施，放入棚内或屋内，要垫高码放并要通风，以防受潮。

（7）防止混凝土、砂浆受雨淋含水过多，而影响砌体质量。

【技能要点2】雨期施工措施

（1）雨期施工的工作面不宜过大，应逐段、逐区域地分期施工。

（2）雨期施工前，应对施工场地原有排水系统进行检修疏通或加固，必要时应增加排水措施，保证水流畅通；另外，还应防止地面水流入场地内；在傍山、沿河地区施工，应采取必要的防洪措施。

（3）基础坑边要设挡水埝，防止地面水流入。基坑内设集水坑并配足水泵。坡道部分应备有临时接水措施（如草袋挡水）。

（4）基坑挖完后，应立即浇筑好混凝土垫层，防止雨水泡槽。

（5）基础护坡桩距既有建筑物较近时，应随时测定位移情况。

（6）控制砌体含水率，不得使用过湿的砌块，以避免砂浆流淌，影响砌体质量。

（7）确实无法施工时，可留接槎缝，但应做好接缝的处理工作。

（8）施工过程中，考虑足够的防雨应急材料，如人员配备雨衣、电气设备配置挡雨板、成型后砌体的覆盖材料（如油布、塑料薄膜）等。尽量避免砌体被雨水冲刷，以免砂浆被冲走，影响砌体的质量。

第三节 暑期施工

【技能要点1】暑期施工的保护措施

（1）在平均气温高于5 ℃时，砖使用前应该浇水润湿，夏季更要注意砖的浇水润湿。水的渗入量应达到20 mm左右。

（2）砂浆的拌制。使用砂浆的稠度要适当增大，一般采用稠度为80～100 mm的砌筑砂浆；砌筑施工时，如果最高气温超过30 ℃，对拌制好的砂浆应控制在2 h内用完。

（3）砌体养护。砌体应浇水养护，一般上午砌筑的砌体下午就应该养护；用水适当淋浇养护；将草帘浇湿后遮盖养护。

【技能要点 2】有台风地区的保护措施

(1)控制墙体的砌筑高度，以减少受风面积。

(2)在砌筑时，最好四周墙同时砌，以保证砌体的整体性和稳定性。

(3)控制砌筑高度以每天一步架为宜。

(4)为了保证砌体的稳定性，脚手架不要依附在墙上。

(5)无横向支撑的独立山墙、窗间墙、独立柱子等，应在砌好后适当用木杆、木板进行支撑，防止被风吹倒。

参考文献

[1] 北京土木建筑学会.建筑工程技术交底记录[M].北京:经济科学出版社,2005.

[2] 北京土木建筑学会.建筑工程施工技术手册[M].武汉:华中科技大学出版社,2008.

[3] 北京土木建筑学会.建筑工人使用技术便携手册·建筑工[M].北京:中国计划出版社,2006.

[4] 侯军伟.砌筑工手册[M].北京:中国建筑工业出版社,2006.

[5] 朱维益.砌筑工操作技术指南[M].中国计划出版社,2000.